2017 年"一流应用技术大学"建设系列教材

光伏技术基础

Foundation of Photovoltaic Technology

主 编 陈子坚

副主编 徐 建 马增红

西安电子科技大学出版社

内 容 简 介

"光伏技术基础"是新能源光伏、信息光电等专业研究太阳能光伏发电技术的一门专业基础课。开设本课程的目的是使学生获得必要的太阳能光伏发电技术的基本理论、基本知识和基本技能,为从事光伏方向的技术工作、学习后续课程打下基础。其任务是使学生了解光伏技术所需的基本知识,掌握太阳能电池材料的基本原理,熟悉这些原理在太阳能光伏领域中的制备技术、表征手段及其在系统设计中的应用,使学生能够进行基本的光伏电池性能测试并具备将光伏技术理论知识应用于解决实际技术问题的能力。

本书可作为高等学校应用技术型本科生、高职高专能源类专业学生的教材,也可供相关技术人员参考。

图书在版编目(CIP)数据

光伏技术基础/陈子坚主编. —西安:西安电子科技大学出版社,2019.8(2023.7 重印)
ISBN 978 - 7 - 5606 - 5176 - 7

Ⅰ. ① 光… Ⅱ. ① 陈… Ⅲ. ① 太阳能光伏发电 Ⅳ. ① TM615

中国版本图书馆 CIP 数据核字(2018)第 276337 号

策　　划　毛红兵　刘玉芳
责任编辑　王　静
出版发行　西安电子科技大学出版社(西安市太白南路 2 号)
电　　话　(029)88202421　88201467　　邮　编　710071
网　　址　www.xduph.com　　　　电子邮箱　xdupfxb001@163.com
经　　销　新华书店
印刷单位　广东虎彩云印刷有限公司
版　　次　2019 年 8 月第 1 版　2023 年 7 月第 2 次印刷
开　　本　787 毫米×1092 毫米　1/16　印张 10
字　　数　222 千字
定　　价　25.00 元
ISBN 978 - 7 - 5606 - 5176 - 7/TM
XDUP　5478001 - 2

＊＊＊如有印装问题可调换＊＊＊

天津中德应用技术大学

2017 年"一流应用技术大学"建设系列教材

编　委　会

主　任：徐玎颖

委　员：(按姓氏笔画排序)

王庆桦　　王守志　　王金凤　　邓　蓓　　李　文

李晓锋　　杨中力　　张春明　　陈　宽　　赵相宾

姚　吉　　徐红岩　　靳鹤琳　　薛　静

前　　言

近年来，国家对能源及其相关产业的发展尤为重视。"十三五"规划中明确提出建设现代能源体系，深入推进能源革命，着力推动能源生产利用方式变革，优化能源供给结构，提高能源利用效率，建设清洁低碳、安全高效的现代能源体系，维护国家能源安全。

光伏技术是建设现代能源体系的重点方向，光伏发电必将成为未来能源格局中的重要组成部分。

为了促进光伏发电技术更好更快的发展，我国高等院校也在进行光伏相关专业建设与调整。这迫切要求能源类专业教学内容更加广泛，更快地与国际接轨。为此我们编写了本书。

本书具有以下特点：

1. 知识全面

由于光伏发电相关专业及产业是在 21 世纪才逐渐产生的，其所涉及的知识并不遵循传统的专业学科体系，而是涉及许多传统专业的物理学知识，所以相关专业的学生及技术人员对光伏技术所涉及的相关知识了解并不全面，需要学习与光伏专业有关的物理学知识，以达到对应用技术型人才"强基础"的要求。

2. 内容广泛

本书参考了部分经典文献，内容丰富、新颖，并且广泛融合了相关领域的传统理论和最新的论文、专利。

3. 体系分明

本书共六个模块：模块一是光伏技术初识；模块二～模块五分别从不同的传统学科体系中挖掘了与光伏发电专业相关的知识进行讲解，是对广阔物理学基础知识中关于光伏发电相关知识的汇总；模块六是在学习了各方面知识的基础上，对光伏发电技术基本原理的阐述。总体来说，本书专业知识涵盖范围广，体系清晰分明。

4. 特点突出

本书是编者根据多年的实际课堂教学、工程实践经验，采用模块化的方式编写的，以顺应职业教育的培养模式。每个模块的结尾加入了专业体验环节，让读者充分参与其中，分析与讨论光伏发电基础知识、相关小实验，体会相关知识在时代背景下的独特性，提高对光伏发电行业的热情与兴趣。

本书由天津中德应用技术大学陈子坚任主编，徐建、马增红任副主编。其中陈子坚负责编写模块一、模块六、附录和参考文献部分；徐建负责编写模块二和模块三；马增红负责编写模块四和模块五。

本书是天津中德应用技术大学 2017 年"一流应用技术大学"建设系列教材项目的成果，

是"十三五"天津市高等职业教育教学改革研究项目"光伏发电技术与应用专业国际化专业教学标准开发"(2018084)的研究成果。

由于编者水平所限，难免有不当之处，诚望读者批评指正！

编　者

2019 年 5 月

目　　录

目 录 1

模块一　光伏技术初识
Module Ⅰ　Cognition of Photovoltaic Technology

模块引入
Introduction of Module

　　本模块作为本书的绪论，对新能源、太阳能、光伏等概念做简单介绍，并介绍本书的专业知识体系和编写思路。

学习单元一　太阳能及可再生能源
Study Unit Ⅰ　Solar Energy and Renewable Energy

　　本单元作为全书的开始，主要介绍一些基本的范畴，以便读者了解光伏技术是属于哪个领域、哪个产业的技术。

　　提到能源领域，在 10 年以前，我们脑海中会想到一些什么？首先应该是煤炭，然后是石油、天然气，而这些能源都归属于不可再生能源范畴。那么什么是可再生能源呢？太阳能与可再生能源又是什么关系呢？这些问题与我们本书所探讨的光伏技术又有什么关系呢？这些问题的答案将在本单元中揭晓。

一、可再生能源简介
Ⅰ. Introduction of Renewable Energy

1. 能源的概念与分类

　　在学习可再生能源之前，我们需要了解能源的概念与具体分类。

　　能源往往是自然资源，可以为人类提供光、声、电、热、磁能以及机械能等不同形式的能量。自然资源包括太阳能、风能、水能、核能、地热能、海洋能、生物质能、煤炭、石油、天然气等在地面上及地下可发现的资源。

　　能源按其来源可分为四类：第一类是与太阳能有关的能源；第二类是与地球内部热能

有关的能源；第三类是与人类进行核反应有关的能源；第四类是与地球、月球、太阳相互作用有关的能源。能源又分为可再生能源和非再生能源。可再生能源是指不需人工干预再生就可重复获得的能源。非再生能源是指短期内无法再生的能源，如煤炭、石油、天然气等，或指只能依靠人工再生的能源，如核能。能源分类如表1-1所示。

表1-1　能源的分类

能源类别	一	二	三	四
可再生能源	太阳能、风能、水能、生物质能、海洋能	地热能	—	海洋能中的潮汐能
非再生能源	煤炭、石油、天然气、油页岩	—	核能	—

在第一类中，除了太阳能本身，风能、水能、生物质能和海洋能是太阳能的一种间接形式，故都归类在第一类。第二类再生能源主要指地热能，是地球的星球能量由内到外释放出来的能量。第三类再生能源是人类进行核反应产生的能量，产能巨大但无法自然再生。第四类再生能源指潮汐能。众所周知，潮汐现象是地球、太阳、月亮共同作用而产生的能源，故归为第四类。

非再生能源中的煤炭、石油、天然气和油页岩等是由很久以前的太阳能间接形成的，因此也属于第一类能源。属于第三类能源的是核能。裂变核材料已探明的铀储量、钍储量都在 10^6 数量级吨，聚变核材料有氚和锂-6，其中海水中存在氚，全世界氚的储量在 10^7 数量级吨，锂-6 的储量约在 10^4 数量级吨。这些核材料所能释放的能量比全世界现有的总能量还要大千万倍，可以看作是取之不尽的能源。

能源又可分为常规能源和新能源。煤炭、石油、天然气等长期被人类利用的能源称为常规能源。核能等能源的利用方式在20世纪才开始被发现并使用，则被称为新能源，太阳能、风能等能源由于其现利用方式也是在20世纪以后才被研发出来的，故也被称作新能源。

根据使用能源会造成的污染，还可把无污染或污染小的能源称为清洁能源，如太阳能、风能、水能等。而煤炭、石油等由于对环境污染较大而被称为非清洁能源。

2. 新能源和可再生能源的概念和分类

新能源和可再生能源（New and Renewable Sources of Energy，NRSE）不同于常规能源，它们是指有别于传统能源技术，对环境和生态友好，资源丰富的可持续发展能源。我们现在讲的新能源，往往是新能源和可再生能源的统称。现就上述新能源和可再生能源进行简要介绍。

太阳能主要包括光热利用和光电利用。光热利用很早就被人们所应用，人类从很早就知道通过阳光的暴晒来处理食物等材质，而其中光电利用最主要的实现方法就是光伏技术。关于太阳能的新型利用技术是20世纪才逐步产生的，在1959年和1980年，美国先后出现了关于光伏发电和太阳能发热技术的专利，可以作为近代太阳能技术新利用的佐证。对于光伏技术的来源能源——太阳能，我们将在后面详细介绍。

风能主要是指风的能量。风是空气流动所形成的，因此风具有动能。在古代，人们就通过风车利用风能，而在20世纪以后，风力发电逐步成为风能利用的主流方式。

地热能是指地壳内能够科学地、合理地开发出来的岩石中的热量和地热流体中被传导出的热量。地热能主要包括地热发电和直接利用。高温的地热能主要用于综合利用、直接发电及制冷；中温的地热能往往用于供暖、烘干及双工质循环发电；低温的地热能主要用于常规生活中的温室供暖、热水洗浴、医疗保健等。

海洋能一般是将潮汐能、波浪能、海流能转化为机械能利用，或利用海水温度差能产生热能、海水盐度差能产生化学能，最终转化为电能或机械能。

生物质能是指绿色植物通过光合作用将太阳能储存在生物质中，人类再通过化学方法获得的能量。沼气能属于生物质能范畴。

水能通常指水利设施，从我国古代的水车开始，人类学会了利用河流湖海中的能量。近代的水能利用主要是水力发电，像我国三峡大坝就是典型的利用长江中的水位差所产生的能量而发电的实例。

核能是指原子核结构发生变化时释放出来的能量。由质能方程可知，核反应中非常小的质量损失即可产生巨大的能量。核能发电已是成熟多年的大规模电力生产方式，具有良好的经济性，但核废料的处理还需要进一步的技术研究。

太阳能、风能、地热能、海洋能、生物质能本来都是传统能源，采用了新的技术和工艺之后，作为新能源发挥了更大的作用。

3. 应大力发展新能源

随着社会经济的发展，对能源的需求也日益增长，化石能源的碳排放带来的环境污染也日趋严重，减排任务相当艰巨。2009 年在哥本哈根召开的世界气候会议的主要议题是，工业化国家减少温室气体的排放目标与帮助发展中国家适应气候的变迁。由于欧美等发达国家的消极态度，最后没有达成实质性协议。2018 年美国总统特朗普正式宣布美国退出《巴黎协定》，更是体现了美国对于环境问题的漠视。

人类活动不断地向大气排放二氧化碳等温室气体，这些气体阻碍了热能的正常逃逸并有可能使地表温度升高。现有的证据显示，从 19 世纪到 20 世纪，地表温度和二氧化碳排放量整体呈上升的趋势。人类活动的规模已经达到了影响地球环境的程度。能源领域因为长期使用化石燃料而成为温室气体及污染的最主要生产者，像光伏发电这种能够代替化石燃料的技术必将得到越来越多的应用。

二、太阳能简介

Ⅱ. Introduction of Solar Energy

1. 太阳能的概念

太阳能是人类赖以生存的能源。化石燃料、生物质能都是太阳能储存起来的产物。风能利用的是被太阳光加热的空气和地球转动产生的空气流动。甚至水能也是源之太阳能——水力发电依赖于太阳光蒸发的水蒸气，水蒸气以雨水的形式回到地球并流向水坝。本书中所讨论的太阳能，一般仅指直接接收到的太阳辐射能。

2. 太阳能的优缺点

太阳能优点如下：

（1）普遍。无地域限制，全球各处只要在白天都可直接利用。

（2）无害。利用太阳能不污染环境，不会排放有毒气体和温室气体。

（3）无尽。对于人类文明，可以认为太阳能的资源是无穷无尽的，其每年到达地球的能量相当于上百万亿吨煤燃烧产生的热量。

太阳能也有一些缺点：

（1）分散性。虽然到达地球表面的太阳能总量很大，但是它的能量密度却非常小。在南北回归线之间太阳直射地球，北回归线上，夏季正午太阳辐射达到最大，此时太阳能最强，在太阳光正下方每平方米面积上可以吸收高达 1000 W 的太阳能；但是在冬季，太阳能却是很少的，阴雨、下雪天，太阳能更是少之又少，这极大地降低了太阳能的密度。所以若按平均来算，太阳能只能达到每平方米 200 W 左右。

（2）不稳定性。由于在夜晚、阴天以及不同地区、海拔高度等因素的影响，某一位置的太阳辐照是极不稳定的，这无疑增大了太阳能的应用难度，如果当前能够有效地解决蓄能或电网波动等问题，就有利于太阳能成为常规能源的替代能源。把晴朗白天的太阳辐射能便利且稳定地储存起来，或可以应对太阳能发电不稳定的情况。解决这些太阳能利用中较为薄弱的环节可以有效提高太阳能应用的普及率。

（3）效率低和成本高。虽然我们拥有了开发利用太阳能的技术，但其效率低、成本高等问题都使它没有和其他能源竞争的绝对优势，所以太阳能的利用技术有待提高，进一步地提高转换效率和降低发电成本可以解决这些问题。

3. 太阳能的利用方式

太阳能的利用包括光热转换和光电转换。光热转换可分为光热利用和光热发电，而光电转换一般指光伏发电。光热转换的基本原理是将太阳辐射能收集起来，主要利用与物质的相互作用转换成热能。光伏发电在光电转换中利用很多种光伏发电组件发电。而在光热转换中光热利用主要指家用的太阳灶、太阳能热水器（真空管集热器、平板型集热器）、商用及农用的太阳能空调制冷系统、太阳能干燥器、太阳能蒸馏器、太阳能温室等；光热发电主要有槽式集热器、大型塔式光热电站等。

三、光伏技术简介
Ⅲ．Introduction of Photovoltaic Technology

1. 光伏技术的概念

光伏发电（通常简称为 PV）是一种不需要传统发电机和汽轮机而利用太阳能的方式，把光能直接转化成电能的技术。光伏电池可以将入射光直接转换成电且无噪声和污染。光伏电池跟集成半导体器件基于同样的原理和材料——光电理论及半导体材料。光照射不均匀半导体产生电位差的现象称为光生伏特效应（Photovoltaic Effect）。在光伏发电产品不断出现的过程中，光伏发电一词逐渐也涉及构建一个光伏发电系统所涉及的相关技术，包括蓄电池、逆变器及其他相关的电力电子技术等，同时光伏发电也成为可再生能源领域一个重要的产业。

2. 光伏技术的发展历程与优缺点

光伏发电快速地成长为传统热力发电越来越重要的替代品。但是，相比其他的能源发电技术，光伏发电起步较晚，直到 20 世纪 50 年代第一个实用的光伏器件才被制作出来。60 年代，对太空工业中卫星供电和对有别于电网的电力供应的需求推动了光伏技术的研究和发展。当时的光伏电池不但比现在的效率差很多，也要贵上好几千倍。但在快速发展的晶体管、集成电路技术的引导下，光伏电池成为一个令人感兴趣的研究方向。

20 世纪 70 年代发生的石油危机使人们认识到能源枯竭的弊端以及可替代能源的重要性，这也反过来推动了包括光伏技术在内的大量可再生能源技术的研究。在石油危机对光伏电池发展所带来的短暂的经济支持下，光伏电池已经进入了发电技术的竞争者行列。它在无电力供应地区的优势迅速地被人们认识到，小尺寸便携式光伏电池应用也逐渐广泛。

硅太阳能电池的发电效率在 20 世纪 80 年代开始提高。之后，光伏产业开始了每年 15%～20% 的稳定增长。而今，光伏电池不再只是一种偏远地区供电的可选项，还可作为一种对传统能源进行结构调整、节能减排的可持续发展方法。

光伏技术的发展至今经历了 180 年左右，以下是光伏技术发展历史上的一些大事记：

1839 年，法国科学家贝克勒尔（A. E. Becquerel，1820—1891 年）发现"光生伏特效应"。

1883 年，美国科学家制成第一块硒制光伏电池，效率仅 1%。

1904 年，爱因斯坦提出电子吸收光子产生能级跃迁现象，从理论上解释了光伏效应。

1932 年，奥杜博特和斯托拉制成第一块"硫化镉"光伏电池。

1941 年，奥尔通过硅材料发现光伏效应。

1954 年，恰宾和皮尔松在美国贝尔实验室第一次制成了效率为 6% 的单晶太阳电池。同年，韦克尔发现了砷化镓有光伏效应，并且制成了第一块薄膜太阳电池。

1980 年，单晶硅光伏电池、砷化镓电池、多晶硅电池、硫化镉电池效率分别达到 20%、22.5%、14.5%、9.15%。

1986 年，6.5MWp 光伏电站在美国建成。

1997 年，美国提出"克林顿总统百万太阳能屋顶计划"。

1997 年，日本"新阳光计划"提出到 2010 年生产出蜂值功率为 43×10^8 W 的光伏电池。

1998 年，单晶硅光伏电池效率达 25%。荷兰政府提出"荷兰百万个太阳光伏屋顶计划"。

以上提到了 21 世纪前光伏发电的发展历程，光伏发电的迅速发展得益于它具有一些优点，其实光伏发电也存在一些缺点，但缺点并不是决定性的。表 1-2 罗列了光伏发电的优缺点，可以发现其中利远大于弊。

表 1-2　光伏发电的优缺点

优　　点	缺　　点
取之不尽 用之不竭	光的能量分布密度小，占用面积大
安全可靠，绝对干净，无噪声，无污染	地面应用时有间歇性，受四季、昼夜及阴晴等气象条件影响
不受地域的限制，可在屋顶建设	目前价格较高
不消耗燃料和输电线，可以在当地实现发电供电	
能源质量高	
建设周期短，获取能源花费的时间短	
结构简单、维护方便	

3. 光伏发电的产业链

光伏技术的不断发展创造出了庞大的光伏产业，其中仅晶体硅光伏电池及其应用就发展出了一套完整的产业链，主要分为上游、中游、下游，硅料（晶体硅原料）及硅棒/硅锭/硅片环节为上游，中游由光伏电池和光伏组件环节组成，下游与其他光伏电池的下游基本一致，包括组成光伏系统的各零部件及 EPC（Engineering Procurement Construction）总包等，详见图 1-1。而企业则并不是按照产业链的各环节分配的，往往根据其规模涉及产业链上的多个中间环节或单一环节，比如大型光伏组件企业往往是从生产硅棒/硅锭/硅片到生产光伏组件环节，而一些小型光伏企业则往往只涉及组件环节。

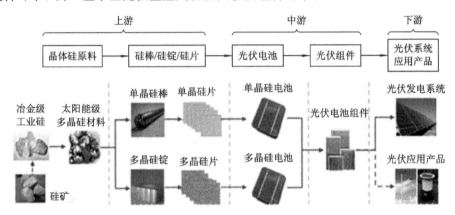

图 1-1　晶体硅光伏电池产业链示意图

我国的光伏产业从 21 世纪开始自国外引入技术后一直在不断发展壮大，根据表 1-3～表 1-5 的数据，可以发现我国光伏组件、光伏电站系统及光伏系统的逆变器部件都有大型的跨国性质的光伏企业。而上游晶体硅原料长期以来一直是我国光伏产业的短板，晶体硅原料往往依靠从美国、韩国进口，其主要原因是光伏电池多晶硅生产的核心技术与大规模集成电路、芯片的核心技术类似，其长期掌握在美、德、日、韩等外国企业手中，形成寡头垄断的格局。2005 年以来，在我国光伏产业发展的不断推动下我国多晶硅产业才逐步发展起来，一路经历了产能过剩等问题，淘汰了一些产能落后的企业，行业集中度不断提高，依赖国外市场供应的局面大幅改善，未来多晶硅生产成本将进一步降低。

表 1-3　2015 年中国光伏电站组件企业十强及其出货量

排　名	公 司 名 称	出货量/MW
1	常州天合光能有限公司	3660
2	英利绿色能源控股有限公司	3361.3
3	阿特斯阳光电力集团	3105
4	晶科能源控股有限公司	2943.6
5	晶澳太阳能有限公司	2406.8
6	浙江昱辉阳光能源有限公司	1970.3
7	韩华新能源有限公司	1436
8	浙江正泰太阳能科技有限公司	1000
9	东方日升新能源股份有限公司	852.706
10	海润光伏科技股份有限公司	805.05

表 1-4　2015 年中国光伏电站 EPC 总包企业十强及其装机容量

排　　名	公 司 名 称	装机容量/MW
1	特变电工新疆新能源有限公司	760
2	南京协鑫新能源发展有限公司	615.5
3	信息产业电子第十一设计研究院科技工程股份有限公司	610
4	中利腾晖光伏科技有限公司	590
5	振发新能源科技发展有限公司	575
6	湖北追日电气股份有限公司	450
7	上海航天汽车机电股份有限公司	431
8	苏州爱康能源工程技术有限公司	350
9	中国电力建设集团有限公司	290
10	协合新能源集团有限公司	260

表 1-5　2015 年中国光伏电站逆变器企业十强及其出货量

排　　名	公 司 名 称	出货量/MW
1	阳光电源股份有限公司	4234.7
并列 1	华为技术有限公司	4000
2	特变电工西安电气科技有限公司	1800
3	无锡上能新能源有限公司	1700
4	深圳科士达科技股份有限公司	892.31
5	厦门科华恒盛股份有限公司	832
6	广东易事特电源股份有限公司	830
7	上海正泰电源系统有限公司	817
8	湖北追日电气股份有限公司	684
9	江苏兆伏爱索新能源有限公司	679
10	山亿新能源股份有限公司	620

课后思考题
Exercises After Class

1. 可再生能源与不可再生能源是如何区分的? 请举例说明。

_____

_____

_____

2. 光伏发电中晶体硅电池光伏系统产业链包括哪些环节?

_____

_____

_____

_____

3. 光伏发电有哪些优缺点？

_____

_____

_____

_____

学习单元二　光伏电池、组件与系统
Study Unit Ⅱ　Photovoltaic Cells，Modules and Systems

　　光伏发电领域最核心的技术就是光伏电池。而除了光伏电池，往往还需要封装成组件，并配备一整套的系统使光伏电池所产生的电汇集、储存、运输和配电。本单元主要介绍光伏电池的基本原理、分类等，以及光伏组件、光伏系统的基本构成。通过对本单元的学习，可以使读者对光伏发电技术的核心光伏电池及其配套系统有一个初步的了解。

一、光伏电池简介
Ⅰ. Introduction of Photovoltaic Cells

1. 光伏电池的概念

　　光伏电池的主要作用就是将太阳光的能量转化为电能，那么电能是如何由光能产生的呢？众所周知，光伏电池产生直流电，所以很多时候称光伏组件为"太阳电池"。那么如何去构建一个电池呢？

　　首先电池应有正极负极，电池的负极端需要存在大量的负电荷，这些负电荷一般是由电子组成的。电池的正极端需要存在大量的正电荷。而这些电荷还需要带有能量，使之可以在电池的正负极接触负载时产生负电荷与正电荷的定向移动。所以一个电池系统需要有正电荷与负电荷，而且这些正电荷与负电荷还要具有能量，可以定向移动，电池中这种机制是依靠电池内的化学物质来完成的，而如何设计一个系统来实现类似一般电池的这种特点，这是研究光伏电池的科学家们所要解决的问题。

　　而恰巧有一类被称为半导体的物质，半导体有正电荷和负电荷两种电荷，其中正电荷对应半导体中的电子，负电荷对应半导体中的空穴，而且电子和空穴的产生机制是依靠光生伏特效应的，这意味着找到的正电荷和负电荷是可以具有能量的，而且这种能量来源于光能，但该设计存在一个致命的问题：如何分开电子和空穴？光生伏特效应虽然可以让半导体中产生电子和空穴，但很快这两种粒子又会复合，然后放出能量。

　　如何来解决这个问题？随着技术的发展，人们发现可以向半导体中掺入其他杂质。杂质对于材料制造往往是不希望看到的，比如纯金，一定是纯度越高的其价值越高。而在现代材料领域，发现掺杂可以解决很多问题。半导体这类材料的导电性是很差的，如何改善其导电性？人们发现在正四价的半导体中掺入正五价或正三价的原子都可以改善其导电性。N 型半导体是正五价的原子使其有很多自由电子，而 P 型半导体是由正三价的原子使半导体有很多空穴。

这两种半导体最早都是为改善半导体的导电性而设计的，但将这两种半导体放在一起时，会发现一个有意思的现象，就是原本用于导电的掺杂电子和空穴由于浓度差的缘故会不断向对方的半导体扩散，这种基于浓度差的扩散就好像盐在水中的扩散。这种扩散的结果会形成一个内建电场，此电场由 N 型半导体指向 P 型半导体，PN 结是 P 型半导体与 N 型半导体的组合，其最早用于集成半导体领域。

利用这个结所产生的电场来控制电流的导通，当把这个结放在太阳光下照射时，由光子能量所产生的电子-空穴对则会被由掺杂电子和空穴所产生的内建电场所控制，进行定向移动，这种移动将获得光子能量的电子和空穴移动到 PN 结的两端，当外接负载时，这些电子和空穴复合并放出光的能量。

因此，光伏电池可以将光的能量转换为电能。

2. 光伏电池的分类

常见的光伏发电系统多由晶硅光伏组件组成。晶硅光伏组件是指由晶体硅电池片组成的光伏组件。在所有类型的电池片中，晶体硅电池片在全球市场上的份额占到 80% 以上。我国的知名光伏厂商如尚德、英利、晶澳、天合、中电等企业都把他们的主要产品定义在晶体硅电池片范畴。

那么晶体硅电池片为什么会有如此高的份额呢？其发展优势在于以下几点：

（1）硅是地球上非常丰富的元素，在地球表层中仅次于氧元素，所以原料的获取相对于其他元素比较容易。

（2）晶体硅在常温下的间接带隙为 1.17 eV，直接带隙为 3 eV，其光谱响应可以很好地与太阳光匹配。

（3）硅及硅的化合物是一种化学性质相对稳定的材料，而且是无毒的。晶体硅是灰黑色、有金属光泽、硬而脆的非金属固体，熔点高达 1420℃，莫氏硬度为 7，晶体硅是良好的半导体，可掺杂硼（Be）或者磷（P），形成 P 型或 N 型半导体，在常温下不溶于酸，易溶于碱。

（4）由于计算机等电子设备的快速发展需求，大规模集成电路及微电子产业对于硅原料的获取和制备有了更高的要求，其对硅材料的需求标准高于光伏产业对硅材料的需求标准，这为其后发展的晶体硅电池片的制造提供了很好的基础。在我国很多省份，光伏企业通常都是半导体芯片或集成电路相关行业协会的成员。

（5）最重要的一点，现阶段晶体硅电池片转换效率远高于薄膜种类的电池片。

晶体硅光伏电池主要分为单晶硅电池和多晶硅电池，它们是当今光伏市场中占据市场份额最高的两款光伏电池，其电池片如图 1-2 所示。

单晶硅电池片广泛应用于光伏发电系统中，尤其是在光伏追日系统中。其主要的特点是光-电转换效率高，比多晶硅至少高 2%，比薄膜材料至少高 10%。而相对应地，其造价也更昂贵，所以很适用于占地面积有限，对发电功率又有要求的系统中。

可以设想，用于建立光伏系统的地方比较有限，比如只有一个屋顶或几亩地，而又希望这个系统可以尽可能多地发电，那么代价就是昂贵的初投资。在这昂贵的初投资中，单晶硅片是主要的"罪魁祸首"，其高额的费用一大部分来源于多晶硅到单晶硅的制造工艺，主要以直拉单晶的方法将多晶硅变为单晶硅，这种方法提高了光伏电池的光电转换效率，也提升了成本。

单晶硅电池片　　　　　　　多晶硅电池片

图 1-2　单晶硅电池片与多晶硅电池片

单晶组件与多晶组件最大的区别在电池片上，单晶组件用的电池为单晶电池，多晶组件用的电池为多晶电池。而其他原材料及组件规格没有区别。单晶组件相对多晶组件的转换效率高。

而单晶硅电池片和多晶硅电池片最大的区别在于单晶硅电池片的材料是单晶硅，所以制造单晶硅电池片并不像多晶硅那样有铸锭环节，取而代之的是制备单晶硅的方法，主要有直拉单晶法、区熔法和磁拉法等。这里主要介绍直拉单晶法。

直拉单晶法是指使用直拉单晶炉，将籽晶在熔融态硅的上方缓慢上提，使硅原子按照统一的晶向沿籽晶生长，最后形成单晶硅棒。其工艺流程为备料、洁净、装炉、抽真空、熔化、生长、出炉、测试等，其重点就是使多晶硅先熔化成熔融态的硅，再在籽晶的引导下生长成单晶硅棒。其最大的特点就是晶向的统一，这种统一可以使单晶硅电池片在发电过程中的电子移动不用像多晶硅电池片那样会遇到晶粒间界，由于单晶硅晶粒间界的消除，电子会携带更多的能量，因此其光电转换效率更高。

单晶硅硅片的制备是将单晶硅棒滚圆、切片，形成厚度在 200 μm、四角保留弧状的准方片。而后单晶硅同样要制作绒面，但由于晶面的存在，其绒面腐蚀更偏向于 (100) 晶面，由于 (111) 面不易被腐蚀，最后在单晶硅硅片表面会形成很整齐的四面方锥形结构。其后的工序，单晶硅与多晶硅基本没有区别，由此可以制造出单晶硅光伏组件。唯有一点不同的是，单晶硅电池片的色差问题很小。

多晶硅电池片的制作工艺相比于单晶硅电池片更加简单，成本也更低。近些年光伏产业技术不断革新发展，在晶体硅电池片市场中，多晶硅电池片凭借其低成本和相对高的效率迅速提升市场份额，超过了单晶硅电池片。随着分布式发电的不断发展，个体光伏发电业者会不断增加，低成本的前期投入对他们而言是非常有吸引力的，所以在未来光伏产业中，多晶硅光伏组件会是一个主流化的产品。

光伏电池的另一个类型就是薄膜电池，图 1-3 列出了属于薄膜电池的一些主要电池种类。薄膜电池随着光伏市场的需求逐年增加，其技术与产量也一直在发展壮大，但在以晶体硅为主流产品的光伏市场，薄膜电池一直是"配角"。而随着晶体硅太阳能电池的研究逐渐进入瓶颈，薄膜电池表现出巨大的潜力，相信随着技术的成熟，薄膜电池的市场会不断扩大。薄膜电池并不像晶体硅光伏组件那样由晶体硅太阳能电池串联而成，它的串联完全是靠激光刻划实现的。

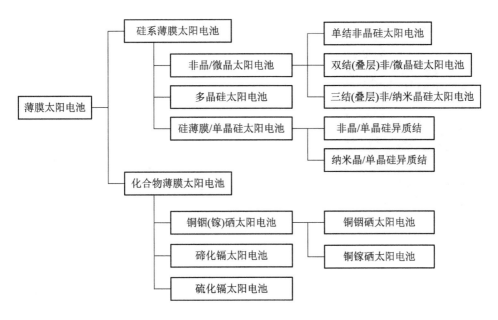

图 1-3　薄膜电池分类

3. 光伏电池的性能

对于光伏电池而言，其最重要的参数莫过于光电转换效率。NREL 机构在 2015 年对于已有的各种光伏电池的转换效率及其发展历程做了详细的统计，对现有的各种各样的光伏电池转换效率的发展历程做了综述，并从时间轴上给出了研发这些光伏电池最佳转换效率的机构。多结光伏电池及单结 GaAs 电池的转换效率基本是最高的，一般多应用在军事和空间领域。在 2000 年左右时单晶硅的光电转换效率到达了 25% 左右，而多晶硅电池在 2003 年左右达到了 20%。其中多结光伏电池及单结 GaAs 电池转换效率虽高，但极少进入民用领域，而薄膜电池和一些新兴电池如染料敏化电池、有机电池等要么转换效率较低，要么还未实现产业化。这也从另一个侧面说明了单晶硅电池与多晶硅电池占据了主要的光伏电池市场的原因。

二、光伏组件与光伏系统简介

Ⅱ. Introduction of Photovoltaic Modules and Systems

1. 光伏组件

具有封装及内部联结的、能单独提供直流电输出的、不可分割的最小光伏电池片的组合装置称为光伏组件。单体电池片是不能直接作为供电电源的，由于其被加工到了百微米的厚度，是非常容易破裂的，而且其无法忍耐大气中的各种腐蚀，单体电池片电压一般为 0.5 V 左右，可以将其想象成一个很小的电池，那么如何使用它呢？在使用电池时一般会根据负载电压和功率来选择串联或并联很多小的电池，光伏电池片也可以通过串联和并联的方式形成连接好的模式，再将其封装起来以保证不会被磨损和漏电，这就形成了光伏组件。图 1-4 是光伏组件及其结构示意图。

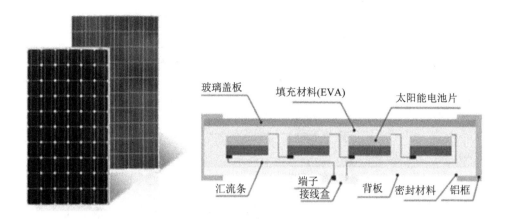

玻璃盖板　　填充材料(EVA)　　太阳能电池片

汇流条　端子接线盒　背板　密封材料　铝框

图 1-4　光伏组件及其结构示意图

2. 光伏系统

光伏系统是利用光伏电池将太阳光能直接转化为电能进行发电控制的整体系统，主要由光伏组件、控制器和逆变器三大部分组成，一般有离网光伏系统和并网光伏系统两种方式，图 1-5 是一个光伏系统示意图。

离网光伏系统主要用在没有电网或电力不稳定的地区。离网光伏系统通常由光伏组件、光伏支架、控制器、逆变器、蓄电池组等设备组成。它们产生的直流电可直接储存在蓄电池中，以便在夜间或在多云或下雨时提供电力。

并网光伏系统往往没有蓄电池，其主要特点是将所发电能直接输送到电网。近几年比较热的分布式光伏系统是具有广阔发展前景的能源综合利用方式，就近发电，就近使用、有效提高发电量是它的特点。

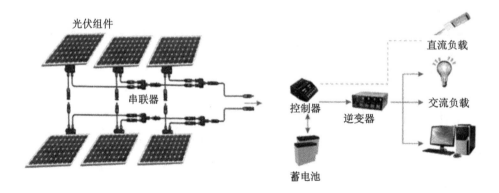

光伏组件

串联器

控制器　逆变器

蓄电池

直流负载

交流负载

图 1-5　光伏系统示意图

课后思考题
Exercises After Class

1. 简述光伏电池的分类及各类型电池。

2. 说明光伏组件的构成。

_____

_____

_____

3. 介绍并网与离网光伏系统的组成及差异。

_____

_____

_____

_____

学习单元三　光伏技术物理基础
Study Unit Ⅲ　Physical Basis of Photovoltaic Technology

　　光伏技术作为一个新兴的技术，如何学习这种技术是一个难题，光伏发电从专业上看应属于能源专业，但其所包含的知识却跨越物理学、材料学等多个学科，作为一个交叉学科专业，应如何归纳其知识体系？本学习单元主要对光伏技术所在的专业、行业以及所涉及的不同学科的知识点做了归纳总结，以引出本书的其他模块。

一、光伏技术的专业体系
Ⅰ. Professional System of Photovoltaic Technology

　　根据我们之前对可再生能源与太阳能的简介，可以逐渐了解光伏技术在可再生能源范畴知识体系中的位置。太阳能、风能、水能、核能等能源类型为新能源及可再生能源，其中太阳能的利用中包括太阳能光伏利用、太阳能光热利用等针对太阳能的利用方式。图 1-6 说明了光伏技术在能源专业体系中的位置。而光伏技术范畴又可分为若干个模块的技术，其中最重要的技术便是光伏组件的相关技术，此外，还包括光伏系统以及对应其他部件的技术。本书所探讨的内容主要是关于光伏产业链的上游与中游所涉及的物理学知识，主要围绕光伏组件、光伏电池的制造、发电过程中所涉及的物理学基本知识。

　　为什么要将这些知识体系归纳而单独形成一本书呢？这其中有职业教育与传统普通教育的差异问题，也有光伏领域本身的原因。

　　对于中职学生、高职学生以及应用技术本科学生，由于其学习知识并不是遵循传统的学科体系，而是基于工作过程的学习，所以其对光伏技术所涉及的传统物理学知识并不了解。以高职学生为例，在各工科专业的高职中并不开设物理课程，对于光伏发电相关专业的高职学生或一些从其他专业毕业的技术人员，他们并没有学习过关于光伏技术的基本物理学知识，尤其对于光伏技术中的光、能量这些基本物理学概念并不熟悉，而这些基础知识却正是光伏专业的工程技术人员所必须要掌握的，因为光伏发电的技术范畴，从理论上来看，还是在讨论关于光和特定材料间的相互关系及它们之间产生的物理学效应。所以需要整合地学习与光伏专业有关的物理学知识点，以达到对应用技术型人才"强基础"的要求。

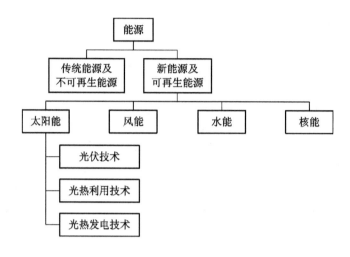

图1-6　光伏技术在能源专业的位置

二、光伏技术的知识体系

Ⅱ. Knowledge System of Photovoltaic Technology

光伏技术包含了大量的物理学基础知识，这就需要整合物理学知识中涉及光伏发电领域的重要知识。

首先，对于光伏技术而言，光学应该是不可缺少的基础知识。但很多光伏技术人员对于光学知之甚少，有甚者连光谱的概念都没有，这对于光伏领域的技术人员而言是一种缺失。本书的模块二就重点讲述了光学中的一些基本概念，以及与光伏组件吸收光息息相关的光谱学知识、光吸收理论和光子学概念，其中将几何光学和波动光学中与光伏发电有关的重要知识点进行了阐述，并针对光伏组件吸收光子讨论了量子辐射理论、光辐射理论、光子假说以及太阳光的相关知识。

其次，对于光伏技术的直接发电单元——各种光伏电池片，其由各种材料组成，而它们之所以具备发电的能力，又离不开它们的微观性质，所以我们对光伏材料相关的微观理论做了一个整合，将原子物理、量子力学的相关知识客观地、形象地展示给大家，以此作为光伏材料的微观物理学基础。

再次，对于最常见的光伏电池片，大多由半导体材料尤其是晶硅材料制成，即使是其他非硅材料，也涉及晶体学的知识，这就不能不讨论固体、半导体的相关知识，其中关于晶体学的基础知识对于晶硅电池是十分重要的，因为它解释了晶体结构所产生的特殊物理性质，而这些性质导致了能带的出现，有了能带、半导体等概念，我们才能系统地阐述"光生电"的全过程。而其中关于晶体的缺陷可以作为光伏电池制造中分析杂质问题，分析单晶硅、多晶硅差异的基础知识。当掌握了晶体的一些通识知识后，我们其实更关注于半导体这种特例，因为半导体是固体的特例，而光伏电池技术则是基于半导体和微电子相关领域的知识体系而产生的，所以我们将半导体方面的知识和光伏发电的原理整合，在本书的最后一部分（模块六）阐述，力图从宏观、微观的多视角以及从各个知识体系中整合出关于光伏技术的基础知识，全面地呈现光伏技术这个跨学科专业的基础知识体系。图1-7是本书所涉及的基础知识以及它们所对应的学科体系。

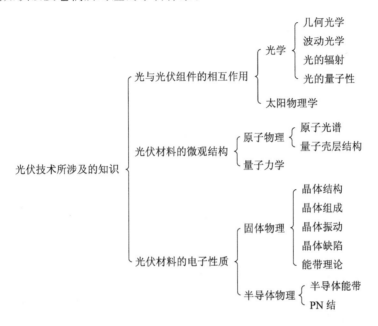

图1-7　本书的知识体系

课后思考题
Exercises After Class

1. 简述光伏技术在能源专业体系中的位置。

_____

_____

_____

2. 分析光伏技术所包含的基本物理知识。

_____

_____

_____

_____

专业体验
Professional Experiences

《骄阳似火》的介绍及课后阅读
Introduction of Scorching Sun and Post-reading

《骄阳似火》是首部记录中国光伏人过往青春的小说。小说以两个非光伏专业的年轻人如何进入光伏行业，并摸爬滚打十年为主线展开，讲述他们各自跌宕起伏的爱恨情仇和职业生涯。赵哲成海外留学归来，一直在职场打拼，随着光伏产业的形势大好而进入光伏产业；方志虽学历不高，却凭借着胆大，迅速抓住机会，通过倒卖硅料挣得第一桶金，成为行业新秀。两个人跟着光伏这一列过山车，冲上过云霄，也跌入过山谷，其中的落差让他们轻视过爱情和友谊，迷茫在理想和底线的边缘，好在云开月明时，一切又风轻云淡。我们阅读这本小说其中的一段，以此为缩影了解光伏行业刚刚起步的那个时期。

请同学们围绕这一主题展开讨论并在课后阅读该书关于光伏产业发展的段落。

光伏产业"双反"
The Two Sides of Photovoltaic Industry

光伏产业"双反"事件，指的是从 2011 年开始，美国和欧盟展开了一系列对我国光伏企业的反倾销、反补贴调查与惩罚（见图 1-8）。2011 年，SolarWorld 公司联合其他生产商向美国商务部提出"双反"调查申请，2012 年美国商务部作出终裁，征收 14.78%～15.97% 的反补贴税和 18.32%～249.96% 的反倾销税。

图 1-8 光伏产业"双反"漫画

从 2012 年欧洲光伏制造商联盟（EUProSun）针对我国光伏企业向欧盟委员会提起诉讼开始到 2013 年欧盟成员国投票表决结束，是欧盟对我国光伏企业的"双反"的事件。

我国也在光伏产业进行了"反击"：2012 年商务部发起对美、韩等国的进口多晶硅反倾销调查及对美国的进口多晶硅反补贴调查。2013 年商务部对美、韩太阳能级多晶硅反倾销初裁出炉。

值得庆幸的是，根据新华社 2018 年 8 月 31 日的消息：欧盟委员会 2018 年 8 月 31 日发布公告说，欧盟决定在对华太阳能板反倾销和反补贴措施于 9 月 3 日到期后不再延长。

请同学们仔细在网上查阅关于光伏产业"双反"中的事件的报道，作为一个本专业的技术人员，你怎么看？

模块知识点复习
Review of Module Knowledge Points

本模块需掌握的知识点有：能源的概念与分类；可再生能源的概念与分类；可再生能源发展的意义；光伏发电的概念；光伏发电的产业链；光伏电池的概念；光伏电池的分类；光伏组件的概念；光伏系统的概念；光伏技术的专业体系；光伏技术的相关知识点及光伏技术的相关学科。

模块测试题
Module Test

一、选择题

1. 不属于可再生能源的项是（　　　）。

A. 太阳能　　　　　B. 风能　　　　　C. 生物质能　　　　　D. 石油

2. 核能属于第（　　　）类能源。

A. 一　　　　　B. 二　　　　　C. 三　　　　　D. 四

3. 不属于薄膜电池的是（　　　）。

A. 铜铟镓硒电池　　B. 碲化镉电池　　C. 非晶硅电池　　　D. 多晶硅电池

4. 晶体缺陷属于（　　　）部分的知识。

A. 光学　　　B. 固体物理　　　C. 量子力学　　　D. 半导体物理

5. 并网光伏发电系统不包括（　　　）。

A. 逆变器　　　　　B. 蓄电池　　　　　C. 光伏电池　　　　　D. 光伏支架

二、填空题

1. 新能源的全称是_____，英文缩写是_____。

2. 太阳能的利用技术主要分为_____和_____。

3. 光伏发电系统一般有_____和_____两种方式。

4. 离网光伏发电系统是指_____。

5. 原子光谱属于_____的知识。

6. 光伏电池往往用_____材料制造。

7. 光伏领域与_____领域的原理与技术类似。

三、简答题

1. 简述能源的分类。

2. 简述光伏技术的知识体系。

3. 说明晶体硅光伏电池最常见的原因。

模块二　光伏技术的光学基础

Module Ⅱ　Optical Basis of Photovoltaic Technology

模块引入

Introduction of Module

　　光与我们的生活息息相关。自古以来，人们就怀着极大的兴趣来研究和认识它。时至今日，人类在生产生活中已经积累了丰富的光学知识，认识到光是地球生命的要素之一，是人类生存的重要基础。此外，人类通过光认识外部世界，光也是信息的载体和传播介质，并已在生产实践和科学技术的各个领域得到了很好的应用。根据光的发射、传播、接收以及光与物质相互作用的性质和规律，将其分成几何光学、波动光学、量子光学和现代光学。本模块主要对光伏技术领域中相关的光学基础内容作一般介绍。

学习单元一　几何光学基础

Study Unit 1　Basis of Geometrical Optics

　　几何光学是以光线为基础，研究光的传播和成像规律的一个重要的实用性光学分支学科。在讨论光对光伏组件的照射时，需要对光路进行分析，这就需要掌握基本的几何光学知识，本单元即对简单的几何光学知识进行介绍。

一、几何光学的基本定律

Ⅰ. Basic Law of Geometrical Optics

　　几何光学是在光的基本实验定律的基础上，运用几何学方法来研究一些光学问题的学科，其研究对象主要集中在光学成像和照明工程等方面。本小节先就几条光的基本实验定律作简单介绍。

1. 光的直线传播

在清晨，阳光透过树丛洒向大地，如果空气中的湿度较高，就会出现直线辐射状光芒，如图 2-1 所示。这是由于光在传播中被悬浮的微小水滴散射,从而呈现出一束束的光芒。如果没有悬浮颗粒,一般不会看到光束,只有迎着阳光的方向才会看到来自太阳的一片耀眼光亮。此外,当光在传播方向上遇到障碍物时,在障碍物背后会出现物体的影子。类似这些生活经验让我们总结出光的直线传播定律:光在均匀介质中沿直线传播。

图 2-1 丛林中,阳光透过茂密的树叶的光芒

2. 光的反射

光沿某一方向传播的过程中,遇到两种介质的分界面时,一部分光会被反射,反射光的方向取决于界面的状况。如果界面光滑平整,则反射光束中的各条光线相互平行,沿同一方向,这种反射称为镜面反射,如图 2-2(a)所示。若界面粗糙,则反射光线有各种不同的方向,这种反射称为漫反射,如图 2-2(b)所示。

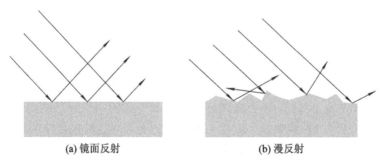

(a) 镜面反射　　　　　　　　　(b) 漫反射

图 2-2 光的镜面反射和漫反射

在讨论光的反射时,入射面是入射光线与界面法线所决定的平面。通过实验可以得到,反射光线总是位于入射面内,并且与入射光线分居在法线的两侧,反射角 i' 等于入射角 i,即

$$i' = i \qquad (2-1)$$

这一规律称为光的反射定律,如图 2-3 所示。

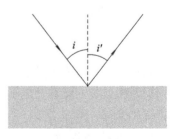

图 2-3 光的反射

3. 光的折射与全反射

光在传播过程中会遇到两种不同介质的分界面，这时，除一部分光被反射外，其余的一部分光会进入另一种介质继续传播，且传播方向在界面处发生了偏折，称为光的折射，如图2-4所示。折射光线与入射光线分居在法线的两侧，入射角 i 的正弦与折射角 r 的正弦之比为一个常量，即

$$\frac{\sin i}{\sin r} = n_{21} \tag{2-2}$$

这一规律称为光的折射定律。常量 n_{21} 称为第二种介质对第一种介质的相对折射率，相对折射率 n_{21} 与光在这两种介质里的传播速率有关，在数值上等于光在第一种介质中的传播速率 v_1 与光在第二种介质中的传播速率 v_2 之比，即

$$n_{21} = \frac{\sin i}{\sin r} = \frac{v_1}{v_2} \tag{2-3}$$

如果光从真空中进入某种介质，设光在真空中和介质中的传播速率分别为 c 和 v，则该介质相对于真空的折射率 $n = c/v$ 称为绝对折射率，简称折射率。

一种介质的折射率为 $n_1 = c/v_1$，另一种介质的折射率为 $n_2 = c/v_2$，则两种介质的相对折射率 $n_{21} = v_1/v_2 = n_2/n_1$，即等于它们的绝对折射率之比。同理，反之亦然。若把 $n_{21} = n_2/n_1$ 代入式(2-3)可得折射定律的另一种常用形式，即

$$n_1 \sin i = n_2 \sin r \tag{2-4}$$

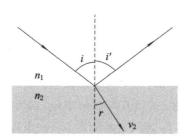

图2-4 光的反射与折射

由反射定律和折射定律可知，如果光线逆着原反射光的方向入射，则其反射光必沿原入射光线的逆方向传播；如果光沿原折射光线的逆向入射，则其折射光线必沿原入射光线的逆向传播。这一规律称为光路可逆性原理，通常在讨论光学仪器的成像问题时会用到它。

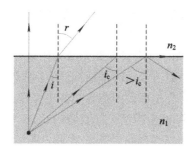

图2-5 光的折射与全反射现象

所以，当入射光线所在介质的折射率 n_1 大于折射光线所在介质的折射率 n_2 时，折射

角 r 将大于入射角 i，逐渐增大入射角 i，当趋于某一角度 i_c 时，折射角将趋于 $90°$，这时的入射角 i_c 称为临界角。当入射角 i 大于临界角时，会出现没有折射光而只有反射光的现象，此时入射光的能量全部返回原来的介质，这种现象称为全反射，如图 $2-5$ 所示。

令折射角 $r=90°$，则临界角为

$$\sin i_c = \frac{n_2}{n_1} \tag{2-5}$$

光的全反射原理可以简单地解释光纤通信。光纤在结构上有两种不同折射率的介质，内部介质折射率高于外皮介质折射率，光从中心传播时遇到光纤弯曲，会发生全反射现象，光线不会泄漏到光纤外，从而实现光信号的长距离传播。

二、球面镜与透镜
Ⅱ. Spherical Mirror and Lens

1. 球面镜

反射面为球面的一部分的镜面叫作球面镜。球面镜分为凸面镜和凹面镜，球面的内侧作反射面的球面镜叫作凹面镜，用球面的外侧作反射面的球面镜叫作凸面镜。

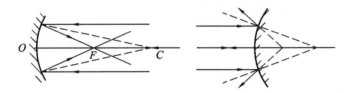

图 $2-6$　球面镜的反射情况

球面镜的反射遵从反射定律，法线是球面的半径。一束近主轴的平行光线经凹面镜反射后将会聚于主轴上一点 F，F 称为凹面镜的焦点。一束近主轴的平行光线经凸面镜反射后将发散，反向延长可会聚于主轴上一点 F，F 称为凸面镜的虚焦点。焦点 F 到镜面顶点 O 之间的距离叫作球面镜的焦距 f。可以证明焦距 f 等于球面半径的一半，即：

$$f = \frac{R}{2} \tag{2-6}$$

凹面镜的焦点是实际光线的会聚点，因此是实焦点，凹面镜对光线起会聚作用，焦距越小，会聚本领越大；凸面镜的焦点是虚焦点，凸面镜对光线起发散作用，焦距越小，发散本领越大，和凹面镜类似。

球面镜在太阳能领域最常见的应用就是聚光型太阳能热发电系统。聚光型太阳能热发电系统是利用聚焦型太阳能集热器把太阳能辐射能转变成热能，然后通过汽轮机、发电机来发电。根据聚焦的形式不同，聚光型太阳能集热发电系统主要有塔式、槽式和碟式。

塔式太阳能热发电系统是将集热器置于接收塔的顶部，许多球面镜根据集热器类型排列在接收塔的四周或一侧，这些球面镜自动跟踪太阳，使反射光能够精确地投射到集热器的窗口内。到集热器窗口的光被吸收转变成热能后，加热盘管内介质产生蒸汽，蒸汽温度在六百摄氏度以上，可用来带动汽轮机组发电。

槽式太阳能热发电系统则较塔式的温度低一些。其结构紧凑，太阳辐射收集装置占地面积比塔式和碟式系统要小很多。槽形球面集热装置主要依靠球面或抛物面实现光的会聚，其加工简单、制造成本较低、耗材最少，其后续发电过程与塔式类似。

碟式太阳能热发电装置包括碟式聚光集热系统和热电转换系统，主要由碟式聚光镜、吸热器、热机及辅助设备组成。

聚光型太阳能集热发电系统最关键的部件就是球面镜，其中的抛物面反射就应用了球面镜的知识，如图 2-7 所示。

图 2-7　聚光太阳能热发电系统中的球面镜应用

2. 透镜

生活中除了平面镜之外，最常见的光学器件就是透镜了，人们戴的眼镜、使用的照相机或望远镜等光学仪器，其核心部分都是透镜。透镜通常是由透明介质加工而成的，透镜表面可以是凸面、凹面或一侧为平面，详见图 2-8。透镜可分为两种，一种中间厚边缘薄，称为凸透镜；另一种中间薄边缘厚，称为凹透镜。

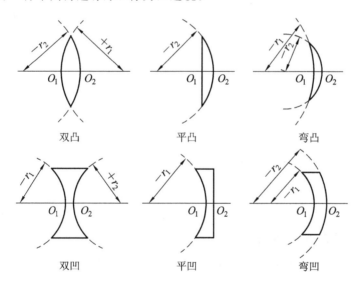

图 2-8　透镜成像示意图

凸透镜和凹透镜对光的作用详见图 2-9。

凸透镜对光线有会聚作用。光线会聚后相交于凸透镜一侧的焦点 F；凸透镜的焦点是实焦点，两侧各有一个，共有两个实焦点，从凸透镜实焦点射向凸透镜的光线穿过凸透镜后变成平行于主光轴的平行光线。

凹透镜对光线有发散作用。发散的光线的反向延长线会交于凹透镜一侧的焦点 F；凹透镜的焦点是虚焦点，左右两侧各有一个，共有两个虚焦点；射向凹透镜虚焦点的光线穿过凹透镜后变成平行于主光轴的平行光线。

菲涅尔透镜是在透镜基础上发明的一种基于波动光学的透镜，其可用于聚光型太阳能热发电系统，这部分内容我们在后面详细介绍。

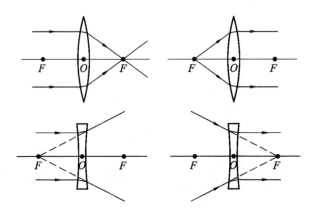

图 2-9　透镜对光的作用

课后思考题
Exercises After Class

1. 请简述反射定律和折射定律。

_____

_____

_____

_____

2. 球面镜在太阳能领域有哪些应用？

_____

_____

_____

_____

学习单元二　波动光学基础
Study Unit II　Basis of Wave Optics

几何光学理论是以光的直线传播定律以及光的反射和折射定律为基础的，可以用来处理许多光学成像问题，也可以用来解释自然界中的某些奇妙光学现象。但是日常生活中还有许许多多的光学现象，却不能用几何光学理论去解释。例如，CD光盘或肥皂泡在太阳光的照射下显示出彩色花纹，显得绚丽多彩。要解释这些现象，我们需要对光的本性有一个初步的认识。

光究竟是什么？自古以来人们对此曾有过种种想象、猜测和争论。17世纪，关于光的本性之争主要是以牛顿为代表的光的微粒说和以惠更斯为代表的光的波动说之争。这场旷日持久的争论持续了一个多世纪，且以微粒说为主导。科学发展到 19 世纪，人们开始在实验中发现了光的干涉和衍射现象，对这些现象的成功解释才使人们逐渐认识到光是一种波动。接着，电磁场理论的建立又赋予光以电磁波的本性，从而圆满地解释了当时已知的所有光学现象，由此形成了波动光学理论。

一、光的干涉

Ⅰ. Interference of Light

1. 杨氏双缝干涉实验

1801 年，英国的一位医生托马斯·杨在不可能具备现代发光机理知识，但只是紧紧扣住了干涉条件的情况下，创造性地在历史上首先设计出了双缝干涉实验装置，最早利用单一光源形成了两束相干光，从而观察到了光的干涉现象，并用光的波动性解释了这一现象。杨氏双缝实验具有重要的历史意义，对于 19 世纪初光的波动说得以复兴起到了关键性的作用。

托马斯·杨没有用严格的数学推演来解释他的双缝干涉现象，而是画了一幅精美的波面图来加以描述。图 2-10 是一幅双缝干涉示意图。一束平行单色光照射到狭缝 S 上，S 作为一个缝光源发射单色光波，照射到与其平行的两个狭缝 S_1 和 S_2 上。根据惠更斯原理，S_1 和 S_2 可以认为是两个子光波的波源，因为它们出自于同一束光，所以具有确定的相位关系。比如 S_1 和 S_2 位于由 S 发出光波的同一个波面上，那么它们就有相同的相位。总之，在杨氏双缝实验装置中 S_1 和 S_2 就是两个相干光源。

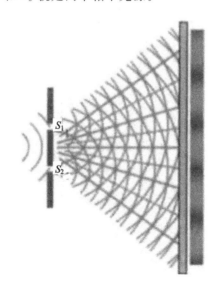

图 2-10　狭缝 S_1 和 S_2 发出的光在空间叠加，在屏幕上产生干涉条纹

自 S_1 和 S_2 发出的光在空间交汇、叠加，光屏上每一点的明暗效果取决于这两列光波在该点处的叠加性质。考察光屏上的某一点 P，如图 2-11(a) 所示，设光从 S_1 到 P 点的传播距离为 r_1，从 S_2 到 P 点的传播距离为 r_2。可以设想，如果两列光波在 P 点的振动相位相同，或者相位差正好是 2π 的整数倍，那么两束光的传播距离之差 δ 正好是波长 λ 的整数

倍，即

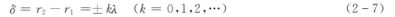

$$\delta = r_2 - r_1 = \pm k\lambda \quad (k = 0,1,2,\cdots) \tag{2-7}$$

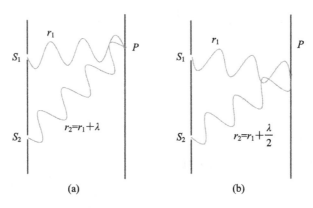

图 2-11 从 S_1 和 S_2 发出两条光线在屏上某一点 P 叠加

这时两列波在 P 点干涉加强，出现亮纹。

如果两列光波在 P 点的振动相位相反，那么两束光的传播距离之差正好是半波长 $\lambda/2$ 的奇数倍，即有

$$\delta = r_2 - r_1 = \pm (2k-1)\frac{\lambda}{2} \quad (k = 1,2,\cdots) \tag{2-8}$$

这时两列波在 P 点干涉相消，出现暗纹，如图 2-11(b)所示。

图 2-12 中，设两狭缝之间的距离为 d，缝与光屏的间距为 D。P 是屏上的一点，到屏幕上对称中心 O 点的距离为 x，图中的 θ 表示光的某一个传播方向。

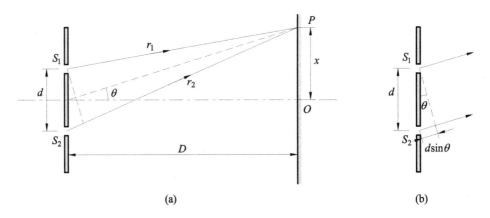

图 2-12 狭缝干涉的几何图示

明条纹所对应的方位角 θ 由下式确定：

$$d\,\sin\theta = \pm k\lambda \quad (k = 0,1,2,\cdots) \tag{2-9}$$

暗条纹所对应的方位角 θ 由下式确定：

$$d\,\sin\theta = \pm (2k-1)\lambda \quad (k = 0,1,2,\cdots) \tag{2-10}$$

由式(2-9)可得到：

$$x = \pm k\frac{D\lambda}{d} \quad (k = 0,1,2,\cdots) \tag{2-11}$$

x 为条纹的坐标位置，k 为条纹的级数，$k=0$ 对应的是零级明条纹，或称中央明纹，$k=1$，$k=2$…分别为第一级、第二级……明条纹。

由式(2-10)可以得到屏幕上暗纹的坐标位置：

$$x = \pm(2k-1)\frac{D\lambda}{2d} \quad (k=0,1,2,\cdots) \tag{2-12}$$

式中，$k=1$，$k=2$，…分别对应于第一级、第二级……暗条纹。由式(2-9)或式(2-10)求得相邻两条明纹或两条暗纹的间距为

$$\Delta x = \frac{D\lambda}{d} \tag{2-13}$$

干涉条纹等间距地分布于中央明纹的两侧。在缝距 d 和屏距 D 确定的情况下，条纹在屏上的位置 x 和间距 Δx 取决于入射光的波长 λ；因此当采用白光照射时，由于不同波长成分的光在屏幕上同一级条纹的位置不同，屏幕上会出现彩色的干涉条纹。

2. 薄膜干涉

下雨天在马路边上，偶尔会发现马路积水的表面出现彩色的花纹。仔细观察，原来是在水的表面有一层薄薄的油污。为什么在油层表面会出现彩色条纹呢？这又是一种干涉现象，称为薄膜干涉。类似的现象在生活中随处可见：肥皂泡在阳光下五光十色、昆虫(蜻蜓、蝴蝶等)的翅膀在阳光下形成绚丽的彩色等。下面从光的波动特性出发讨论薄膜干涉现象。

设有厚度为 d 的均匀透明薄膜，其折射率为 n_2，薄膜周围环境介质的折射率为 n_1($n_1 < n_2$)，如果环境介质是空气，则 $n_1 \approx 1$，如图 2-13 所示。从扩展光源 S 上的一个点发出一条光线入射到薄膜的上表面(入射角为 i)，在 A 点分解为两条光线，一条为反射光线1；另一条以折射角 r 进入薄膜，并在膜的下表面 C 点反射，然后折射而出，形成光线2。两条光线出自于同一束光并经过了不同的光程。由于薄膜很薄，引起的光程差不会很大，因此这两束出自同一波列，所以是相干光。两束光在空间相干叠加，通过人的眼睛会聚在视网膜上，会聚点是明是暗取决于光程差。扩展光源 S 上不同的点发出的光线，经薄膜反射后都会在视网膜上形成干涉点。这些干涉点的组合就形成了干涉条纹。

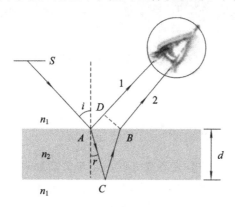

图 2-13 反射光的薄膜干涉

光线 1 和光线 2 的光程差产生于从入射点 A 到波面 BD 之间，从光路图可知，两者之间的光程差为

$$\delta = n_2(AC+CB) - n_1 AD$$

光是一种电磁波,它和机械波一样在两种不同介质的表面反射时可能会出现半波损失,还应当考虑半波损失对干涉产生的影响。

反射光干涉加强的条件为

$$\delta = 2d \sqrt{n_2^2 - n_1^2 \sin^2 i} + \frac{\lambda}{2} = k\lambda \quad (k = 1, 2, \cdots) \qquad (2-14)$$

反射光干涉减弱的条件为

$$\delta = 2d \sqrt{n_2^2 - n_1^2 \sin^2 i} + \frac{\lambda}{2} = (2k+1)\lambda \quad (k = 1, 2, \cdots) \qquad (2-15)$$

对于厚度均匀的薄膜,光程差取决于光的入射角 i。一个入射角对应于某一个确定的条纹级 k。因此在光源 S 上所有点发出的光线中,具有相同入射角的光线,其反射光的干涉点构成了同一级条纹;不同入射角的光线,其反射光的干涉点构成了不同的条纹,我们把这种干涉称为等倾干涉。

等厚干涉与等倾干涉虽然都属薄膜干涉,但却有所不同。等倾干涉条纹是扩展光径上的各个发光点沿各个方向入射在均匀厚度的薄膜上产生的条纹;而等厚干涉条纹则是由同一方向的入射光在厚度不均匀的薄膜上产生的干涉条纹。

薄膜干涉理论也说明了晶硅光伏电池表面的颜色问题,如图 2-14 所示。其表面颜色与硅片颜色的差异主要是由表面的减反射膜干涉所致。

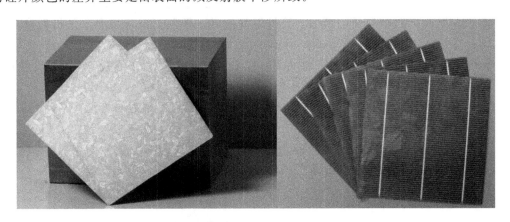

图 2-14　薄膜干涉导致的电池片颜色变化

二、光的衍射

Ⅱ. Diffraction of Light

光的衍射通常分两类,一类是光源或光屏相对于障碍物(小孔、狭缝或其他遮挡物)在有限远处所形成的衍射现象,如图 2-15(a)所示,称为菲涅尔衍射。另一类则是光源和光屏距离障碍物都足够远,即认为相对于障碍物的入射光和出射光都是平行光,这类衍射称为夫琅禾费衍射。在实验中,可以利用两个会聚透镜来实现夫琅禾费衍射,如图 2-15(b)所示。

根据几何光学中光的直线传播原理,当一束平行光穿过一条水平狭缝时,在屏幕上应该出现一条形状、大小和狭缝完全一样的光斑,如图 2-16(a)所示。但实际上当狭缝变得

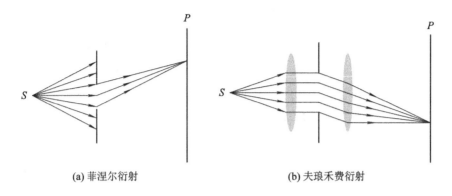

(a) 菲涅尔衍射　　　　　　　(b) 夫琅禾费衍射

图 2-15　光的衍射

非常细窄时，我们看到的却是如图 2-16(b)所示的单缝衍射条纹。平行光穿过狭缝后沿竖直方向展开，中央明条纹比狭缝宽度宽得多，且比较明亮；两侧有明暗相间的条纹分布，但相对强度明显较弱，且递减很快。一般而言，狭缝越窄，整个衍射图样展开得越宽。

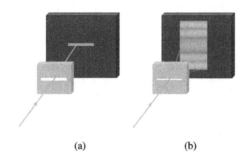

(a)　　　　　　　(b)

图 2-16　几何光学无法解释狭缝干涉现象

　　菲涅尔透镜是由法国物理学家奥古斯汀·菲涅尔发明，其依据菲涅尔衍射原理和传统透镜原理。在 1822 年，菲涅尔使用这种透镜设计建立了玻璃菲涅尔透镜系统——灯塔透镜。其工作原理十分简单：假设一个透镜的折射能量仅仅发生在光学表面(如：透镜表面)，拿掉尽可能多的光学材料，而保留表面的弯曲度。从剖面看，其表面由一系列锯齿形凹槽组成，中心部分是椭圆形弧线。每个凹槽都与相邻凹槽之间角度不同，但都将光线集中一处，形成中心焦点，也就是透镜的焦点。每个凹槽都可以看作一个独立的小透镜，把光线调整成平行光或聚光。这种透镜还能够消除部分球形像差。故菲涅尔透镜(见图 2-17)能省下大量材料，同时达到相同的聚光效果。

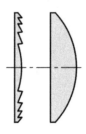

图 2-17　菲涅尔透镜与普通透镜

在太阳能光伏领域，菲涅尔透镜主要作为聚光光伏系统中的聚光部件，将光线从相对较大的区域面积转换至相对小的面积上，其聚光原理如图 2-18 所示。

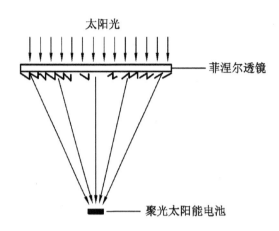

图 2-18　菲涅尔透镜聚光发电系统原理图

三、光的电磁理论、电磁波谱
Ⅲ. Electromagnetic Theory of Light and Electromagnetic Spectrum

1864 年，麦克斯韦提出了"电磁的动力学理论"，他从方程组出发，导出了电磁场的波动方程，算出了电磁波的传播速度与当时已知的光速很接近。自从赫兹运用电磁振荡的方法产生电磁波并证明电磁波的性质与光波相同以后，人们进行了许多实验，不仅进一步证明了光是一种电磁波，c 就是光在真空中的传播速度；而且还发现了 X 射线和 γ 射线等都是电磁波。在本质上光和其他电磁波完全相同，只是频率或波长有很大的差别。按照电磁波的频率 ν 及其在真空中的波长 λ 的顺序，把各种电磁波排列起来，称为电磁波谱，如图 2-19 所示。由于电磁波的频率或波长范围很广，在图中我们用对数刻度标出。不同频率或波长的电磁波，显示出不同的特征，具有不同的用途。图中还给出了与频率和波长相应的能量量子 hν 的值，单位是 eV（电子伏特），h 是普朗克常量，其值为 6.63×10^{-34} J·s。

已知的电磁波谱从很高的 γ 射线的频率（$\nu \leqslant 10^{26}$ Hz）下降到长无线电波的频率（$\nu \geqslant 10^{4}$ Hz）。通常交流电力传输线上的电磁波的频率为 50 Hz 或 60 Hz。视觉可感觉到的可见光只为已知电磁波谱中的很小一部分，它的波长约 760～400 nm。可见光的两边延伸区域分别是红外线和紫外线，红外线的波长约为 760 nm～1 mm，紫外线的波长为 5～400 nm，γ 射线的波长则更短。无线电波的波长为 10^{-4}～10^{6} m，其中长波波长是几千米，中波波长约为 3×10^{3}～50 m，短波波长为 10～0.01 m。其中可见光波段的波长和光的颜色有关，详见图 2-20。

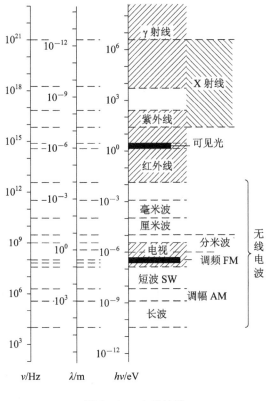

图 2-19　电磁波谱

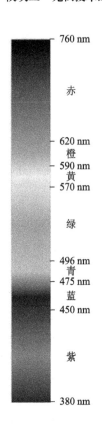

图 2-20　可见光波长所对应的颜色

四、光的偏振
IV. Polarization of Light

1. 偏振光

　　光是一种特定波段的电磁波，电磁波的振动包括电场 E 和磁场 B 的振动，E 和 B 相互垂直，并且都垂直于电磁波的传播方向，所以电磁波是横波。就可见光而言，能够引起人们视觉的是电场 E 的振动。因此通常把 E 振动称为光振动，把 E 矢量称为光矢量。既然光是一种电磁波，就应该具有偏振特征，但是普通光源所发出的光却不会出现偏振现象。原因是在普通光源中，光是由光源中大量原子或分子发出的独立光波列所组成的。这些光波列的持续时间很短，它们的频率、初相位和振动方向各不相同，并且随时间频繁变化。虽说各独立波列具有偏振性，但是原子发光机制的随机性导致了在垂直于光传播方向的平面内沿各个方向光振动的概率均等，也就是说，各方向光矢量的振幅相等，如图 2-21(a)所示。具有这种特性的光称为自然光。普通光源发出的光都是自然光。

　　如果把自然光的振动分别沿两个相互垂直的 x 方向和 y 方向进行分解，显然在这两个方向上合振动的振幅相等，各占自然光总能量的一半，如图 2-21(b)所示。如果一束在某一方向的光振动比与之相垂直方向上的光振动占优势，那么这种光称为部分偏振光。如果一束光中只有一个确定方向的光振动，这种光称为线偏振光，简称偏振光。振动方向与光传播方向组成的平面称为振动面。

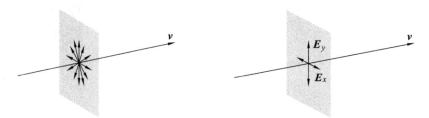

(a) 自然光的光振动呈轴对称分布，在垂直于传播　　(b) 两相互垂直方向的光振动
　　方向的平面内各方向的光振动概率均等　　　　　　各占自然光总能量的一半

图 2-21　自然光的偏振

普通光源的光都是自然光，那么如何从自然光中获得偏振光呢？我们可以利用偏振片来实现。

2. 马吕斯定律

20 世纪 30 年代，美国科学家兰德发明了一种具有二向色性的材料，用它制成的透明薄片可以选择性地吸收某一方向的光振动，而允许与之相垂直的光振动通过，这样的透明薄片称为偏振片。偏振片上允许光振动通过的方向称为偏振化方向，用符号"↕"表示。当一束自然光通过偏振片后便成了线偏振光，该过程称为起偏，能够产生起偏作用的光学元件称为起偏器。

假设一束强度为 I_0 的自然光入射于偏振片 P_1，出射后变成强度为 I_1 的线偏振光。由于自然光的光矢量在垂直于传播方向的各个方向上均匀分布，因此将 P_1 绕光的传播方向转动时，透过 P_1 的光强不变，总是占入射自然光强度的一半，即 $I_1 = I_0/2$。如果让光强为 I_1 的线偏振光再通过一个偏振片 P_2，显然当 P_2 的偏振化方向与入射光的振动方向一致时，偏振光完全通过偏振片 P_2，透射光最强，如图 2-22(a)所示；当 P_2 的偏振化方向与入射光的振动方向垂直时，线偏振光被 P_2 完全吸收，透射光强度为零，如图 2-22(b)所示。

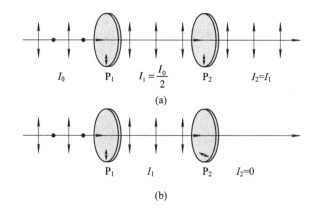

图 2-22　光的起偏振与减偏振

旋转偏振片 P_2，改变 P_2 的偏振化方向与光振动方向的夹角，会发现透射光强度 I_2 将随之发生变化。在旋转 $360°$ 的过程中出现两次最亮，两次最暗。由此可知，偏振片 P_2 起到了一个检偏器的作用，可用来检验一束光是自然光还是偏振光。如果是自然光，则在旋转

偏振片的过程中光强不会改变。

偏振光透过偏振片后其光强的变化规律遵从马吕斯定律：在不考虑吸收和反射的情况下，透射线偏振光与入射线偏振光的强度关系为

$$I_2 = I_1 \cos^2 \alpha \qquad (2-16)$$

式中，α 为光振动方向与检偏器偏振化方向间的夹角。

如图 2-23 所示，设一束强度为 I_1 的线偏振光入射于偏振片，光振动矢量 $\boldsymbol{E}_1$ 的方向与偏振片的偏振化方向夹角为 α，经偏振片透射后强度变为 I_2，光振动矢量为 $\boldsymbol{E}_2$。可以看出，入射光的振动矢量 $\boldsymbol{E}_1$ 分解为两个垂直分量 $\boldsymbol{E}_2$ 和 $\boldsymbol{E}_2'$，$\boldsymbol{E}_2$ 平行于偏振化方向，通过偏振片；$\boldsymbol{E}_2'$ 垂直于偏振化方向被偏振片吸收。

由马吕斯定律可知，当 $\alpha=0°$ 或 $\alpha=180°$ 时透射光强最大；当 $\alpha=90°$ 或 $\alpha=270°$ 时，透射光强为零；α 为其他角度时，光强介于最强和零之间。

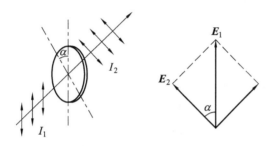

图 2-23　线偏振光的振动矢量沿偏振化方向的分量通过了偏振片，
所以透射光的强度比入射光强度要弱些

3. 布儒斯特定律

夏日午后，当我们漫步在公园的湖边时，水面的反射光眩人的眼目。此时如果用一块偏振片来观察湖面，会发现眩目程度被明显削弱。原来，这是由于自然光经水面反射后变成了部分偏振光或线偏振光。19 世纪初，人们就在实验中发现，当一束自然光以任意入射角 i 入射到某种介质的表面上发生反射和折射时，其反射光和折射光一般都为部分偏振光。其中反射光中以垂直于入射面的光振动为主，而折射光则是以平行于入射面的光振动为主，如图 2-24(a) 所示。

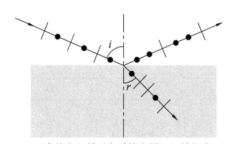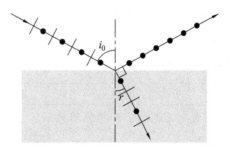

(a) 自然光入射于介质的表面，入射角为 i，
则反射光和折射光都是部分偏振光

(b) 自然光以布儒斯特角入射，反射光为线偏振光，这时反射线与折射线成 90° 夹角

图 2-24　反射、折射的偏振情况

1812 年，英国科学家布儒斯特在实验中发现，反射光的偏振化程度随着光的入射角变

化而变化。如图 2-24(b)所示，当入射角为某一特定的角度时，反射光变成了线偏振光，光振动垂直于入射面。这个特殊的入射角称为起偏角，又称布儒斯特角。实验进一步证实，当入射光以起偏角 i_0 入射时，反射光线与折射光线正好相互垂直，即

$$i_0 + i = 90°$$

其中，r 为折射角。设入射光所在介质的折射率为 n_1，折射光所在介质的折射率为 n_2，由折射定律得

$$n_1 \sin i_0 = n_2 \sin r = n_2 \sin(90° - i_0) = n_2 \cos i_0$$

$$\tan i_0 = \frac{n_2}{n_1} \tag{2-17}$$

上式所反映的规律称为布儒斯特定律。

当自然光以布儒斯特角入射时，反射线偏振光的光强相对较弱。在入射的自然光中，垂直于入射面的光振动只有 15% 被反射，剩余 85% 的垂直光振动以及入射光中全部平行于入射面的光振动都折射进入了介质。

反射光的偏振现象在生活中随处可见。例如，当我们开车在柏油路上迎着太阳行驶时，会因路面的反射光而感到炫目，于是人们发明了偏振太阳镜。阳光照射在路面上而反射，入射面垂直于路面，而反射光的光振动以垂直于入射面为主。因此我们只要戴上偏振太阳镜，镜片的偏振化方向取垂直于路面方向，就可以防止眩光的耀眼。

偏振光对于现有的大部分光伏电池的性能没有什么影响，但在一些新兴的光伏电池，比如铁酸铋(BFO)薄膜和一些纳米结构光伏电池中的光伏效应则会受到偏振光的影响。

课后思考题
Exercises After Class

1. 请解释晶硅电池片为什么与硅片的颜色存在差异。

_____

_____

_____

_____

2. 请简述菲涅尔聚光光伏系统的原理。

_____

_____

_____

_____

3. 请描述可见光的波长和颜色的关系。

_____

_____

_____

_____

学习单元三　光辐射基础
Study Unit Ⅲ　Basis of Optical Radiation

　　除真空外，没有任何介质对光或电磁波是绝对透明的。光通过介质时，一部分能量被介质吸收而转化为介质的热能，因此导致光的强度随传播距离增大而减小，这种现象称为介质对光的吸收。由于介质的不均匀性导致定向传播的光部分偏离原来的传播方向，分散到各个方向的现象称为光的散射，光的散射也会造成光强随传播距离增大而减小。另一方面，光在介质中的传播速度要小于真空中的光速，而且介质中的光速与光的频率或波长有关，即介质对不同波长的光有不同的折射率，这种现象称作光的色散。

　　光的吸收、散射和色散是光在介质中传播时所发生的普遍现象，并且它们之间是相互联系的。本单元将介绍光在各向同性介质中传播时的吸收、色散和散射现象。

　　光在介质中的吸收、色散和散射现象，本质上是光与介质相互作用的结果。因此，要正确地认识光的吸收、色散和散射现象，就应深入地研究光与介质的相互作用。严格来说，光与物质的相互作用应当用量子理论去解释，但是，把光波作为一种电磁波，把光和物质的相互作用看成是组成物质的原子或分子受到光波电磁场的作用，由此得到的一些结论，仍然是非常重要和有意义的。

一、光的吸收
Ⅰ. Absorption of Light

　　光在介质中传播时，部分光能被吸收而转化为介质的内能，使光的强度随传播距离（穿透深度）增大而衰减的现象称为光的吸收。由于吸收，光通过介质后能量减少，在许多情况下这是不希望发生的。例如光纤，我们总是希望它对光的吸收越小越好，这样，光信号的传输距离就可以延长。但是，吸收并不一定都是坏事。例如，当我们用灯作光源泵浦激光物质时，就要求光源的发射光谱尽量和激光工作物质的吸收带相匹配，以使光源所发射的光能充分地被激光工作物质所吸收，更有效地将泵浦光源的光转换成激光。另外，光电探测器也希望尽可能多地吸收入射光，以便提高光电探测器的光电转换效率。

　　如图 2-25 所示，设一束光强为 I_0 的单色平行光束沿 x 方向照射均匀介质，通过厚度为 l 的介质后，出射面的光强则为

$$I = I_0 \exp(-\alpha_n l) \qquad (2-18)$$

　　上式称为朗伯定律，α_n 是一个与光波波长和介质有关的因子，称为介质对单色光的吸收系数。当 $l = 1/\alpha_n$ 时，光强减少为原来的 $1/e$。这说明，当光通过厚度为 $l = 1/\alpha_n$ 的介质后，其光强衰减到原光强的 $1/e$，这就是吸收系数的物理含义。吸收系数 α_n 越大，光被吸收得越剧烈。

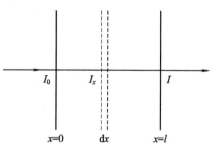

图 2-25　介质对光的吸收

　　不同介质的吸收系数值差异很大。在可见光波段，标准大气压下，空气的 $\alpha_n =$

10^{-5} cm^{-1}，玻璃的 $\alpha_n = 10^{-2}$ cm^{-1}，金属的 $\alpha_n = 10^6$ cm^{-1}。一般情况下，介质的吸收性能与波长有关，即 α_n 是波长的函数。除真空外，没有任何一种介质对任何波长的电磁波均完全透明，只能是对某些波长范围内的光透明，对另一些波长范围的光不透明，因此吸收是物质的普遍性质。从能量的角度看，吸收是光能转变为介质内能的过程。若 α_n 与光强无关，则称吸收为线性吸收。在强光作用下某些物质的吸收系数 α_n 与光强有关，这时吸收称为非线性吸收，式(2-18)不再成立，光与物质的非线性相互作用过程显现出来。

前面讲过，介质的吸收系数一般是波长的函数。根据吸收系数随波长变化规律的不同，吸收分为一般吸收和选择吸收。如果某种介质对某一波段的光吸收很少且吸收随波长变化不大，这种吸收称为一般吸收，例如，稠密介质的吸收。反之，如果介质对光具有强烈的吸收且随波长有显著变化，这种吸收称为选择吸收，例如，稀薄气体的吸收。

从整个电磁波谱的角度考察，一般吸收的介质是不存在的。一些在可见光范围产生一般吸收的介质(空气、纯水、无色玻璃等)，它们在红外或紫外波段产生选择吸收。例如地球大气对可见光和波长超过 300 nm 的近紫外光可以认为是透明的，对红外光则只在某些波段才是透明的。电磁波对大气透明度高的波段称为"大气窗口"。图 2-26 中示出了波长 1~15 μm 范围内大气透过率 T 与波长的关系。充分研究这种关系，有助于遥感、遥测地球资源以及红外跟踪、制导等。

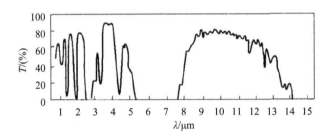

图 2-26 "大气窗口"

普通光学材料在可见光区都是相当透明的，但在紫外和红外光区，它们表现出不同的选择吸收特性，它们的透明区不同。在制造光学仪器时，必须考虑光学材料的吸收特性，选用对所研究的波长范围是透明的光学材料制作零件。例如，紫外光谱仪中的透光元件需用石英制作，红外光谱仪中的透光元件则常用萤石等晶体制作。

我们之所以能看到五彩缤纷的世界，主要应归因于不同材料的选择吸收性能。例如，绿色的玻璃是由于它对绿色吸收很少，对其他光几乎全部吸收，所以当白光照射在绿玻璃上时，只有绿光透过，我们看到它呈现绿色。染料所呈现的彩色是它所吸收掉的频率成分的补色，因此可以预料它所吸收的频带在可见光区中是相当宽的，否则它将反射白光中大部分的光而近于白色。金子是黄色的，那是由于其中的金原子对其他成分的光波吸收较强，则由其表面反射的光只剩下了黄色的成分，这是金子的本色。但是如果将其打制成极薄的金箔，则其反射光仍是黄色的，而透射光却是绿色的。这是由于金箔厚度极小，对光的吸收很弱，因此除了被反射的黄色外，其他颜色的光将从金箔透射出去，这些不同颜色的光混合起来，对眼睛呈现绿色。

选择吸收说明，某些物质对特定波长的入射光有强烈的吸收，对入射光的吸收效果相当于一个带阻滤波器。在特殊条件下，也可以呈现为只对某些特定波长有很小的吸收系数，相当于带通滤波器。利用原子(分子)的共振吸收特性来实现光频滤波的器件叫作原子滤波器,这是当前的一个重要研究方向。同样,如果将选择吸收技术应用于激光器,则非常有利于输出激光的稳频。

二、光的色散

Ⅱ. Dispersion of Light

我们把介质的折射率(或光速)随光的频率或波长而变化的现象称为色散。对色散的研究在理论上和应用上均具有重大意义,几乎所有光传输器件,比如透镜、棱镜或光纤,都必须考虑色散特性及其影响。

光的色散可用介质折射率 n 随波长 λ 变化的函数来描述。反映 $n(\lambda)$ 这一函数关系的曲线称为介质的色散曲线,这种变化曲线因材料而异。

通常情况下,介质的折射率 n 是随波长 λ 的增加而减小的,这种色散称为正常色散。介质的折射率 n 随波长增大而单调下降且变化缓慢。所有不带颜色的透明介质,在可见光区域内都表现为正常色散。图 2-27 给出了几种常用光学材料在可见光范围内的正常色散曲线,这些色散曲线的特点是:① 波长越短,折射率越大;② 波长越短,折射率随波长的变化率越大;③ 波长一定时,折射率越大的材料,其色散率也越大。

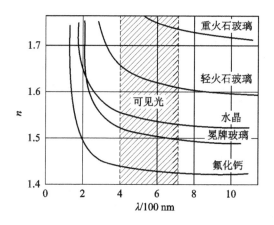

图 2-27 常用光学材料的正常色散曲线

1862 年,勒鲁在观察碘蒸气的色散现象时发现,波长较短的紫光折射率比波长较长的红光折射率小(紫光与红光之间的光线,因为被蒸气吸收没有观察到)。由于这个现象与当时已观察到的所有色散现象正好相反,是一种"反常"现象,勒鲁称它为反常色散,该名字一直沿用至今。以后孔脱系统地研究了反常色散现象,发现反常色散与介质对光的选择吸收有密切联系。实际上,反常色散并不"反常",它也是介质的一种普遍现象。

反常色散的特点:折射率 n 随波长增大而单调增加。任何物质的色散曲线都是由反常色散波段和正常色散波段构成的,正像物质的全部吸收曲线是由一般吸收波段和选择吸收波段所构成的一样。其中反常色散波段对应于选择吸收波段,而正常色散波段则对应于分布在各选择吸收波段之间的一般吸收波段。

三、光的散射

Ⅲ. Light Scattering

定向传播的光束在通过光学性质不均匀的介质时将偏离原来的方向，向四面八方散开的现象称为光的散射。这些偏离原传播方向的光称为散射光。光学性质的不均匀性可以是由于均匀介质中散布着折射率与它不同的其他物质的大量微粒，也可以是由于介质本身的组成成分的不规则聚集(如密度涨落)所造成的。例如，气体中有随机运动的分子、原子或烟雾、尘埃，液体中混入小微粒，晶体中存在缺陷等。

和光的吸收完全类似，当光通过介质时，由于光的散射，会使透射光强减弱。光的吸收是光能被介质吸收后转化为热能，而光的散射则是散射介质吸收入射光波的能量后再以相同的波长重新辐射出去，即将光能散射到其他方向上，所以在本质上二者不同，但是在实际测量时，很难区分它们对透射光强的影响。因此，通常都将这两个因素的影响考虑在一起，将透射光强表示为

$$I = I_0 \exp[-(\alpha_n + \alpha_s)l] = I_0 \exp(-\alpha l) \tag{2-19}$$

其中，α_n 为吸收系数，α_s 为散射系数，α 为总消光系数，它们之间满足 $\alpha = \alpha_n + \alpha_s$，在实际测量中得到的都是总消光系数。

散射光的产生可以按经典电磁波的次波叠加观点加以解释。在入射光作用下，介质分子(原子)或其中的杂质微粒极化后辐射次波。对完全纯净均匀的介质，各次波源间有一定的相位关系，相干叠加的结果使得只在原入射光方向发生干涉相长，其他方向均干涉相消，故光线按几何光学所确定的方向传播。在介质不均匀时，各次波的相位无规则性使得次波非相干叠加，结果是除原入射光方向之外，其他方向亦有光强分布，这就形成了光的散射。因此，光散射就是一种电磁辐射，是在很小范围内的不均匀性引起的衍射。

散射粒子的直径在 $\frac{\lambda}{5} \sim \frac{\lambda}{10}$ 以下，远小于光波波长的散射称为瑞利散射，又称为分子散射。这类散射主要有以下特点：

(1)散射光强度随入射光波长变化。散射光强度与入射光波长的 4 次方成反比，即

$$I(\lambda) \propto \frac{1}{\lambda^4}$$

光波长越短，其散射光强度越大。上式称为瑞利散射定律。

(2)散射光强度随散射方向变化。

当自然光入射时，散射光强为 $I(\theta) = I_{\pi/2}(1 + \cos^2\theta)$，其中，$I_{\pi/2}$ 为垂直于入射光方向上的散射光强。散射光强的角分布如图 2-28 所示。

(3)散射光的偏振特性。当自然光入射时，散射光一般为部分偏振光。但在垂直入射方向上的散射光是线偏振光；沿入射光方向或逆入射光方向的散射光仍是自然光。

由瑞利散射的散射光强与波长的关系可以说明许多自然现象。众所周知，整个天空之所以呈现光亮，是由于大气微粒对太阳光的散射，而这些被散射后的光从各个方向进入我们眼睛的缘故。如果没有大气层，天空将是一片漆黑，这就是宇航员在大气层外和月球上所见到的景象。

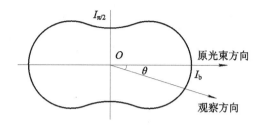

图 2-28 散射光强随散射角的变化

课后思考题
Exercises After Class

1. 晴朗天空为什么呈现蔚蓝色呢？

_____

_____

_____

_____

2. 为什么一般情况下紫外光谱仪中的透光元件需用石英制作？

_____

_____

_____

_____

3. 请简述朗伯定律的物理意义。

_____

_____

_____

_____

学习单元四 光的量子论
Study Unit Ⅳ Quantum Theory of Light

一、光电效应
Ⅰ. Photoelectric Effect

光电效应

1887 年，德国物理学家赫兹在研究电磁波的性质时偶然发现当光照射在金属表面时有电子从金属表面逸出，这一现象称为光电效应。但是，赫兹只是注意到用紫外线照射在电极板上时，放电比较容易发生，却并不知道这一现象产生的原因。1902 年，勒纳德对光电效应进行了详细的研究。

光电效应的实验装置如图 2-29 所示。真空石英管中的两块金属板分别连接电源的正负极，电路中的电流表用于检测电流。当一束光从窗口入射到阴极金属板上时，电流表指针发生偏转，表明回路中存在电流。在没有入射光照射光电管时，回路中没有电流；当入射光照射在阴极金属板上时，有光电子从金属板表面逸出。逸出的电子称为光电子，光电子在加速电压作用下从阴极向阳极运动，从而在回路中形成电流，称为光电流。

图 2-29　光电效应实验示意图

当研究者在对光电效应实验中所得到的一些结论进行分析时发现，经典电磁学理论无法对其作出合理的解释。光电效应实验的结果可归纳如下：

（1）并不是任何频率的入射光都能引起光电效应。对于某种金属材料，只有当入射光的频率大于某一频率时，电子才能从金属表面逸出，形成光电流。这一频率 ν_0 称为截止频率，也称红限。截止频率与阴极材料有关，不同金属材料的截止频率一般不同，如果入射光的频率 ν_0 小于截止频率，那么，无论入射光的光强多大，都不能产生光电效应。

（2）当入射光频率 $\nu > \nu_0$ 时，加速电压 U 与光电流 i 的实验曲线如图 2-30 所示。随着加速电压 U 增大，光电流 i 增大，当电压增至足够大时，光电流 i 达到饱和。饱和光电流与入射光强度有关，入射光强度越大，饱和光电流也越大。从实验曲线显示，当加速电压等于零时，光电流 i 并不为零，只有当光电管两极加上一定的反向电压 $-U_\varepsilon$ 时，电路中才没有光电流。这个反向电压 $-U_\varepsilon$ 称为遏止电压。

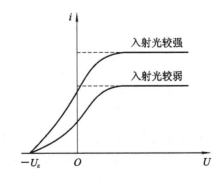

图 2-30　对于给定的阴极材料，当入射光频率 ν 一定时，光电流 i 与加速电压 U 的关系曲线

（3）遏止电压 $-U_\varepsilon$ 与入射光强度无关，但与入射光频率 ν 有关，当 $\nu > \nu_0$ 时，U_ε 与 ν 成正比关系，如图 2-31 所示。

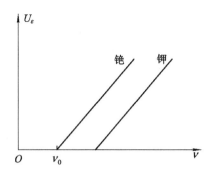

图 2-31　遏止电压 U_ε 与入射光频率 ν 成正比关系，比例系数与金属板的材料性质无关

（4）入射光一照射到阴极表面，几乎同时就有电子从金属板表面逸出，时间间隔仅为 10^{-9} s 数量级，而且这种瞬间响应与入射光的强度无关。

光电效应的实验结果给当时的物理学家们带来了困惑。在上述实验结果中只有第二条可以从经典物理学理论去理解。光电流反映了单位时间内从阴极到阳极的光电子数，当从阴极逸出的电子全部飞到阳极上时，电流达到饱和。在同一电压作用下，入射光强度越大，光电流 i 越大，也就是单位时间内从金属板逸出的电子数越多。

当加速电压等于零或一个较小的反向值时，由于金属板上逸出的电子具有初动能，因此仍有部分动能较大的电子可以克服电场力做功到达阳极，形成光电流。当反向电压 $U \geqslant U_\varepsilon$ 时，具有最大初动能的光电子都无法克服电场阻力到达阳极，这时的光电流为零。由此可见，遏止电压 U_ε 反映了光电子的最大逸出动能，根据动能原理，二者的关系为

$$eU_\varepsilon = \frac{1}{2} m v_{\mathrm{m}}^2 \qquad (2-20)$$

式中，e 为电子的电荷，m 为电子的质量，v_{m} 为光电子的最大速度。

对于上述其他三条实验结果，很难用经典物理学理论作出解释。按照经典理论，任何频率的入射光，只要其强度足够大或照射时间足够长，都可以使电子获得足够的能量逸出金属表面。然而实验显示：只要入射光频率小于截止频率，无论光的强度有多大，照射时间有多长，都不能产生光电效应。此外，光电效应的瞬间响应性质也无法用经典理论解释。按经典理论，电子在逸出金属表面以前需要获得足够的能量，这需要一定的时间积累，绝不可能在 10^{-9} s 内完成。尤其对于强度较弱的入射光，其积聚能量的时间会更长。

二、光的量子性

Ⅱ. Quantization of Light

1905 年，爱因斯坦为了从理论上解释光电效应，摆脱了经典理论的束缚，在普朗克能量子假设的基础上提出了光子的假设。光不仅在发射或吸收时具有粒子性，而且在空间传播时也具有粒子性。这种粒子性表现为光的能量在空间分布的不连续性。这些不连续的能量子称为光子。在真空中，光子以速度 $c = 3 \times 10^8$ m/s 运动。对于频率为 ν 的光辐射，光子的能量为

$$\varepsilon = h\nu \qquad (2-21)$$

h 为普朗克常量。入射光的强度 I 取决于单位时间内垂直通过单位面积的光子数 n，可

表示为 $I=nh\nu$。

爱因斯坦的光量子论，成功地解释了光电效应现象。当频率为 ν 的光入射到金属表面时，能量为 $h\nu$ 的光子被电子一次性吸收，不需要经历能量的积累过程，因此电子能在 10^{-9} s 这样极其短暂的时间内逸出金属表面。

电子吸收光子的能量后，一部分用于克服金属表面势垒束缚而做功 W，这部分功称为逸出功，也称为功函数，不同的金属材料，其逸出功不同；另一部分转化为光电子的初动能。根据能量守恒定律，有

$$h\nu = \frac{1}{2}mv_m^2 + W \qquad (2-22)$$

这个方程称为爱因斯坦光电效应方程。

爱因斯坦的光量子理论成功地解释了光电效应的实验结果：

（1）对于频率为 ν 的光，其强度（$I=nh\nu$）与光子数成正比，当入射光较强时，因为单位时间内到达金属板的光子数较多，所以获得能量而逸出的电子数也多，饱和电流自然也就大。

（2）由爱因斯坦光电效应方程可知，当入射光子的能量 $h\nu$ 小于逸出功 W 时，电子无法获得足够能量脱离金属表面，只有当 $h\nu \geqslant W$ 时，才会产生光电效应。这就解释了为什么会存在截止频率 ν_0。恰能产生光电效应的入射光频率为

$$\nu_0 = \frac{W}{h} \qquad (2-23)$$

（3）由式（2-22）和式（2-20）可得

$$U_\varepsilon = \frac{h}{e}\nu - \frac{W}{e} \qquad (2-24)$$

可见，遏止电压 U_ε 随着频率 ν 的增大而线性地增加，比例系数为 h/e，与金属材料性质无关。这与实验结果相一致。

至此，经典物理学在解释光电效应时所遇到的困难，都可以用爱因斯坦的光量子理论得到解决。

光量子假设不仅解决了光电效应问题，更重要的是，人们对光的本性有了认识上的飞跃。光在传播过程中显著地表现出它的波动性；光在与物质相互作用时，更多地表现为粒子性。光既是粒子，就应该具有粒子的属性，即有质量、能量和动量。

按照光子假设，光子的能量为 $\varepsilon=h\nu$；考虑到相对论的质能关系，光子的能量又可表示为 $\varepsilon=mc^2$（m 是光子的质量）。显然光子的质量为

$$m = \frac{h\nu}{c^2} = \frac{h}{\lambda c} \qquad (2-25)$$

1917 年，爱因斯坦进一步假设光子不仅具有能量，还具有动量。光子的动量为 $p=mc$，将式（2-25）中的质量代入，得

$$p = \frac{h}{\lambda} \qquad (2-26)$$

波动性可以用波长和频率 ν 来描述；而粒子性一般则由质量、能量和动量来描述。从公式上建立了光的粒子性与波动性的关系，两者在数量上通过普朗克常量联系在一起。

三、光的量子辐射理论

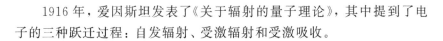

光的量子辐射理论

1916 年，爱因斯坦发表了《关于辐射的量子理论》，其中提到了电子的三种跃迁过程：自发辐射、受激辐射和受激吸收。

原来处于高能级 E_2 的原子，在没有外界作用下它会自发地跃迁到低能级 E_1 上去，并放出一个光子，这种过程称为自发辐射，如图 2-32 所示。自发辐射过程是一随机过程，各个原子的辐射是自发地、独立地进行的，因而各个辐射光子的相位、偏振状态、传播方向之间没有确定的关系，辐射光子的频率也不同，所以自发辐射的光是不相干的。普通光源发光就属于自发辐射。

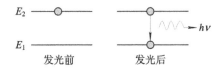

图 2-32　自发辐射跃迁

能量为 $h\nu = E_2 - E_1$ 的光子入射原子系统时，原子吸收此光子从低能级 E_1 跃迁到高能级 E_2，这一过程称为受激吸收，如图 2-33 所示。光伏发电过程就是受激吸收过程。

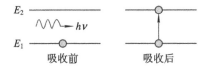

图 2-33　受激吸收跃迁

处于高能级 E_2 的电子，在自发辐射之前受到能量为 $h\nu = E_2 - E_1$ 的外来光子的激发，就会从能级 E_2 跃迁到低能级 E_1，同时辐射一个与外来光子的频率、相位、偏振态以及传播方向都相同的光子。这一过程称为受激辐射，如图 2-34 所示。受激辐射过程中，所辐射的光子和外来光子的状态相同。一个光子入射原子系统后，由于受激辐射可变成两个全同的光子，两个又可变为四个……这就实现了光的放大。受激辐射光放大是激光产生的基本机制。

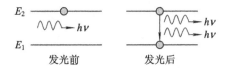

图 2-34　受激辐射跃迁

课后思考题

1. 在光电效应实验中，① 将光的强度增加一倍；② 将入射光频率增加一倍。试分别判定对实验结果有何影响。

2. 医生常告诫我们，皮肤长时间暴露在阳光下容易造成损伤，这主要是因为阳光中紫外线的作用。请问为什么紫外线比其他可见光更容易损伤皮肤呢？

学习单元五　太阳辐射
Study Unit Ⅴ　Solar Radiation

一、太阳
Ⅰ. The Sun

太阳是银河系的一颗普通恒星，与地球平均距离 149.6×10^6 km，直径 1.39×10^6 km，平均密度 1.409 g/cm³，质量 1.989×10^{33} g，表面温度 5770 K，中心温度 15×10^6 K。由里向外分别为核心区、辐射层和对流层。

太阳的核心区半径为太阳半径的 1/4，但质量占整个太阳质量的一半以上。太阳核心的温度高，压力也极大，使氢发生聚变反应，释放能量。能量再通过辐射层、对流层传递向外辐射出去。太阳中心区的高密度、高温和高压，来自于自身强大重力吸引。太阳中心区之外就是辐射层，辐射层的范围是从中心区顶部的 1/4 太阳半径向外到 3/4 太阳半径，这里的温度、密度和压力从内向外递减。辐射层占整个太阳体积的绝大部分。对流层是从接近 3/4 太阳半径向外到达太阳大气层的底部，这一层很不稳定，形成明显的上下对流运动。太阳的内部结构如图 2-35 所示。

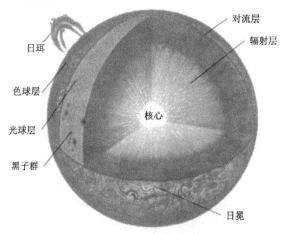

图 2-35　太阳的内部结构

二、地面太阳辐射

虽然太阳的表面辐射水平几乎恒定，但是当到达地球表面时，太阳光受地球大气层的吸收和散射作用影响强烈，因而成为变量。

当天空晴朗，太阳在头顶直射且阳光在大气中经过的光程最短时，到达地球表面的太阳辐射最强。如图 2-36 所示，这个光程可用 $1/\theta_s$ 近似。θ_s 是太阳光和本地垂线的夹角。

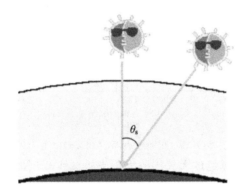

图 2-36　光学质量的示意图

这个光程一般被定义为太阳辐射到达地球表面必须经过的大气质量 AM，因此

$$\mathrm{AM} = \frac{1}{\theta_s} \tag{2-27}$$

考虑到光线通过密度随大气高度变化的大气层时的弯曲路径，任何地点的大气质量可以由下式估算：

$$\mathrm{AM} = \sqrt{1 + (s/h)^2} \tag{2-28}$$

如图 2-37 所示，s 是高度为 h 的竖直杆的投影长度。

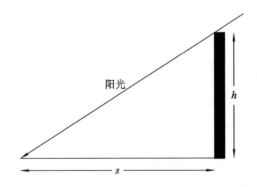

图 2-37　利用已知高度的物体的投影估算大气质量

太阳光在大气层外（即大气质量为零或者 AM0）和 AM1.5 时的光谱能谱分布如图 2-38 所示。AM0 从本质上来说是不变的。将它的功率密度在整个光谱范围积分的总和称作太阳常数，它的公认值是

$$\gamma = 1.3661 \text{ kW/m}^2 \qquad\qquad (2-29)$$

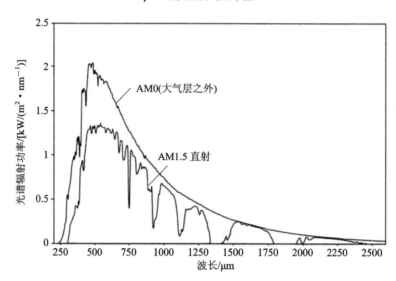

图 2-38 在大气层外(AM0)和地球表面(AM1.5)时太阳光的光谱功率密度

当到达地球表面时,穿过地球大气层的太阳光被减少或削弱了大约 30%,其影响因素如下:

(1) 大气中分子的瑞利散射,对短波长而言更为明显。

(2) 烟雾和尘埃粒子的散射。

(3) 大气中气体的吸收,如氧气、臭氧、水蒸气和二氧化碳。

三、太阳能分布

Ⅲ. Distribution of Solar Energy

我国是世界上太阳能量丰富的地区之一,特别是西部地区,每年日照时间 3000 h 以上。我国的太阳能辐射主要分为 4 个区,具体可参考相关文献。

课后思考题
Exercises After Class

1. 请解释 AM 的含义。

_____

_____

_____

_____

2. 请分析我国的太阳资源。

_____

_____

_____

专业体验
Professional Experiences

专业体验

太阳光的色散
Dispersion of Sunlight

利用三棱镜观察太阳光色散，并用光伏电池片在不同色散区进行测试。

玻璃对不同颜色的光的折射本领不同，当太阳光通过三棱镜时，各种颜色的光被分开成颜色光谱。紫光向棱镜的底边偏折最大，红光偏折最小。该现象叫作光的色散。

模仿牛顿的实验可以看到太阳光的色散，而用一张接有万用表的小块光伏电池，放在色散光的不同光区，看看其电压变化有什么区别。

光的波动说与微粒说之争
Controversy between Wave Theory and Particle Theory of Light

光的波动说与微粒说之争从17世纪初笛卡儿提出的两点假说开始（见图2-39），至20世纪初以光的波粒二象性告终，前后共经历了300多年的时间。牛顿、惠更斯、托马斯·杨、菲涅尔等多位著名的科学家成为这一论战双方的主辩手。正是他们的努力揭开了遮盖在"光的本质"外面那层扑朔迷离的面纱。

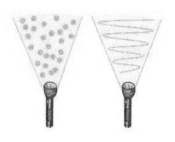

图2-39 光是微粒还是波？

在课堂中，可以将学生分成若干小组，通过阅读"光的波动说与微粒说之争"文献资料及互相讨论，让学生了解光学的发展历程。阅读资料如下：

[1] 互动百科：光的波动说与微粒说之争.

[2] 单天明. 从波动说和微粒说之争谈假说的科学功能[J]. 学理论，2011(04)：43-44.

[3] 吕增建，陈小敏. 光的"微粒说"与"波动说"之争[J]. 科技导报，2009，27(03)：106.

[4] 方卫红，肖晓兰. 光的波动说与微粒说之争及其启示[J]. 物理与工程，2008(05)：55-58.

[5] 赵新勇. 关于光的微粒说和波动说[J]. 中国西部科技，2006(06)：60.

模块知识点复习
Review of Module Knowledge Points

　　本章需掌握的知识点有几何光学的基本定律：反射、折射定律；球面镜、透镜规律；光的干涉、衍射和偏振；光的电磁理论、波长；光的吸收、色散和散射；光电效应与光的量子化；太阳光的辐射。

模块测试题
Module Test

一、选择题

1. 保持入射光线方向不变，将平面镜绕着过入射点且垂直于入射光线和法线所决定的平面的轴旋转 θ 角，则（　　）。

　　A. 反射光线也转过 θ 角　　　　　　　　B. 反射光线也转过 2θ 角

　　C. 入射角增大 2θ 角　　　　　　　　　D. 反射光线与入射光线的夹角增大 θ 角

2. 光线从介质 A 进入空气中的临界角是 37°，光线从介质 B 进入空气中的临界角是 45°，则（　　）。

　　A. 光线从介质 A 进入介质 B，可能发生全反射

　　B. 光线从介质 B 进入介质 A，可能发生全反射

　　C. 光线从介质 A 进入介质 B，一定同时存在反射光线和折射光线

　　D. 光线从介质 B 进入介质 A，一定同时存在反射光线和折射光线

3. 光线以 30°入射角从玻璃中射到玻璃与空气的界面上，它的反射光线与折射光线的夹角为 90°，则这块玻璃的折射率应为（　　）。

　　A. 0.866　　　　　B. 1.732　　　　　C. 1.414　　　　　D. 1.5

4. 凹面镜的主要特点有（　　）。

　　A. 遵从光的反射定律

　　B. 焦点是实际光线的会聚点，因此是实焦点

　　C. 对光线起会聚作用，焦距越小，会聚本领越大

　　D. 以上三项都有

5. 不涉及球面镜的技术是（　　）。

　　A. 塔式太阳能热发电系统　　　　　　　B. 槽式太阳能热发电系统

　　C. 碟式太阳能热发电装置　　　　　　　D. 平板太阳能集热系统

6. 能说明光的干涉的现象是（　　）。

　　A. 杨氏双缝实验　　　B. 光的反射　　　C. 激光　　　D. 光电效应

二、填空题

1. 光的全反射定理是指_____。

2. 菲涅尔透镜在太阳能光伏领域是应用在_____。

3. 爱因斯坦在他的《量子的辐射理论》中提出了光与电子存在三种辐射作用：_____、_____、_____，其中_____可以用于表示光伏过程。

4. 可见光的波长范围_____。

5. h 是_____，大小为_____。

6. 部分偏振光指_____，线偏振光指_____。

7. 紫外光谱仪中的透光元件需用_____制作。

8. 光学材料色散曲线的特点是_____、_____和_____。

9. 光电效应是指_____。

10. 光子的能量是_____，动量是_____。

三、简答题

1. 请简述光电效应的物理意义。

2. 一束太阳光斜射到平面镜的表面，平面镜的另一侧可以看到耀眼的白光；如果太阳光斜射到粗糙的木板表面，则无论从哪个方向观察，都看不到耀眼的亮光，为什么？

3. 请画图说明大气质量 AM。

模块三　光伏技术的微观基础
Module Ⅲ　Micro-foundation of Photovoltaic Technology

模块引入
Introduction of Module

19世纪末，人们普遍地认为物理学的发展已经臻于完善，经典物理学框架体系已经非常清楚和完备了，似乎没有什么解决不了的问题。当20世纪第一个春天来临之时，英国物理学家开尔文勋爵发表了新年贺词，他宣告物理学的大厦已经建成。但是，物理学有两个实验无法解释：一个是迈克尔逊-莫雷实验，发现以太不存在；一个则是黑体辐射实验，人们无法运用经典物理学理论对其作出解释。

正是这两个实验催生了物理学的一场革命风暴，新潮迭起，开创了近代物理学。前者从实验上支持了相对论的建立，后者则直接导致了量子力学的建立。本模块简要介绍光伏技术涉及的量子力学理论以及原子结构的量子理论。

学习单元一　量子力学基础
Study Unit Ⅰ　Foundation of Quantum Mechanics

一、波函数
Ⅰ. Wave Function

微观世界中，粒子表现出明显的波动特征。量子力学中用以描述粒子运动状态的数学表达式称为波函数，用符号 Ψ 表示。不同条件和状态下的波函数形式有所不同，有的很复杂。为了便于阐述量子力学的基本概念和方法，我们以最简单的波函数形式——自由粒子波函数为例进行讨论。

自由粒子是指不受外力场的作用，其动量和能量都不变的粒子。由德布罗意关系式推知，与自由粒子联系的波的波长 λ 和频率 ν 都不变，其波函数是一个平面单色简谐波，可表示为

$$\Psi(x,t) = \psi_0 \cos 2\pi \left(\nu t - \frac{x}{\lambda} \right) \tag{3-1}$$

将式(3-1)改用复指数形式来表示，即

$$\Psi(x,t) = \psi_0 e^{-i2\pi \left(\nu t - \frac{x}{\lambda} \right)} \tag{3-2}$$

将式(3-2)中的频率 ν 和波长 λ 分别用能量 E 和动量 p 来取代，得到

$$\Psi(x,t) = \psi_0 e^{-i\frac{2\pi}{h}(Et - px)} = \psi_0 e^{-\frac{i}{h}(Et - px)} \tag{3-3}$$

式(3-3)即描述能量为 E、动量为 p 的自由粒子运动状态的波函数。

根据玻恩的观点，波函数反映了粒子在空间的概率分布，这就和电磁波的波函数反映电磁场的分布相统一。在波动光学中我们知道，干涉或衍射条纹处的光强 I 正比于光波在该处振幅的二次方 E^2。从光子的概念来理解，条纹处的光强正比于光子落在该处的数量，或者说正比于光子落在该处的概率。由此可见，在条纹上的某一点处，光振动振幅的二次方正比于在该点附近发现光子的概率。

同样，在空间某一点附近发现实物粒子的概率正比于粒子波函数绝对值的二次方 Ψ^2。许多情况下，波函数是个复数，因此波函数的平方应等于 Ψ 与其共轭复数 Ψ^* 的乘积，即 $\Psi^2 = \Psi \Psi^*$。因为在某一时刻空间点附近发现粒子的概率还与该点附近区域体积的大小有关，所以在 $dV = dxdydz$ 中发现粒子的概率正比于

$$|\Psi|^2 dV = \Psi \Psi^* dV \tag{3-4}$$

式中，$|\Psi|^2 = \Psi \Psi^*$ 表示在某空间点附近单位体积内粒子出现的概率，称为概率密度。

在给定的时刻，粒子在空间某处出现的概率应该是一个确定的量值，因此，波函数 Ψ 必须是单值和有限的。对于某个粒子，它要么出现在空间的这个区域，要么出现在另一个区域，而在整个全空间找到它的概率是 100%，因此有

$$\int |\Psi|^2 dV = 1 \tag{3-5}$$

式(3-5)称为波函数的归一化条件。满足式(3-5)的波函数称为归一化波函数。

理论研究表明，当给定一个粒子的波函数以后，在任何时刻，不但该粒子的空间位置概率分布确定了，而且关于粒子所有力学量（速度、动量、角动量、能量等）的概率分布也都确定了。通过量子力学中特有的数学运算法则，可以计算出各力学量的平均值。从这个意义上来说，Ψ 完全描述了粒子的状态，所以波函数也称为态函数。显然，这种描述粒子状态的方式与经典力学的描述粒子状态的方式完全不同，它解决了微观粒子波动性和粒子性这对矛盾的统一问题。

波动的一个重要特征是它的可叠加性。粒子的波动性由波函数来描述，而波函数又代表了粒子的状态。因此在量子力学中，粒子的状态具有可叠加性。假设 Ψ_1，Ψ_2，$\cdots$，Ψ_n 是粒子体系的几个可能状态，那么，它们的线性组合态 Ψ 也是一种可能的状态，即

$$\Psi = c_1 \Psi_1 + c_2 \Psi_2 + \cdots + c_n \Psi_n \tag{3-6}$$

式中，各系数 c_1，c_2，$\cdots$，c_n 均为复数。式(3-6)称为态叠加原理，这是量子力学中的一条重要原理，著名的"薛定谔的猫"佯谬即与此公式有关。

二、薛定谔方程

Ⅱ. Schrödinger Equation

经典力学中，我们用运动学的语言描述质点的运动，但是质点的哪些运动是被允许的，却要由动力学方程来决定。在量子力学中，我们同样需要用与牛顿运动定律或电磁学理论中的麦克斯韦方程相当的基本方程来确定波函数。这一问题终于在 1926 年，由奥地利物理学家薛定谔建立的波动方程得以解决。这个方程称为薛定谔方程，它是量子力学的基本方程。薛定谔方程并不是由其他基本原理推导出来的，其正确与否只能靠实践来检验。自量子力学建立以来，大量实践都表明薛定谔方程是正确的。

设一质量为 m、动量为 p 的自由粒子沿 x 方向做一维运动。忽略相对论效应，其能量可表示为

$$E = \frac{p^2}{2m} \tag{3-7}$$

自由粒子的波函数由式(3-3)表示。接下来我们要寻找一个方程，使其既能满足能量式(3-3)，又能使式(3-7)成为方程的解。经过推导得到

$$i\hbar \frac{\partial}{\partial t}\Psi(x,t) = -\frac{\hbar^2}{2m}\frac{\partial^2}{\partial x^2}\Psi(x,t) \tag{3-8}$$

这就是一维运动自由粒子的薛定谔方程。

如果粒子在势场 $V(x,t)$ 中运动，其能量为 $E = p^2/2m + V(x,t)$，则势场中的一维薛定谔方程可表示为

$$i\hbar \frac{\partial}{\partial t}\Psi(x,t) = \left[-\frac{\hbar^2}{2m}\frac{\partial^2}{\partial x^2} + V(x,t)\right]\Psi(x,t) \tag{3-9}$$

在许多实际情况下，势场 $V(x)$ 只是坐标的函数，与时间无关，粒子的能量具有确定值。这种能量不随时间变化的状态称为定态，相应的波函数称为定态波函数。令式(3-9)右边等于常量 E，得到

$$\left[-\frac{\hbar^2}{2m}\frac{d^2}{dx^2} + V(x)\right]\psi(x) = E\psi(x) \tag{3-10}$$

式(3-10)称为一维定态薛定谔方程，$\psi(x)$ 称为一维定态波函数。由定态波函数形式可知，其概率密度 $\Psi\Psi^*$ 只是 x 的函数，与时间无关，因此定态粒子在空间的概率分布不会随时间改变。

课后思考题

Exercises After Class

1. 什么是波函数必须满足的标准条件？

_____

_____

_____

_____

2. 描述态叠加原理的物理意义。

_____

_____

_____

_____

学习单元二　原子物理基础
Study Unit Ⅱ　Atomic Physics Foundation

一、氢原子光谱的规律性
Ⅰ. Regularity of Hydrogen Atomic Spectrum

19 世纪末，人们对气体放电中原子光谱进行了大量的研究。这种辐射谱表现为一系列分立的谱线，每条谱线具有特定的颜色或波长，不同原子的辐射光谱具有不同的特征。这说明了在原子光谱中可能隐藏着原子结构的重要信息。人们希望从原子光谱中寻找规律，从而对光谱与原子结构的关系作出理论解释。然而，一般元素的原子光谱都十分复杂，由成百上千条谱线构成，很难从中发现规律。因此，具有最简单结构的氢原子特征光谱成了研究的突破口。如图 3-1 所示，氢原子光谱在可见光范围内由四条明亮的谱线构成。

图 3-1　氢原子光谱中的巴耳末系(其中四条明线在可见光范围内)

1885 年，瑞士中学教师巴耳末发现这四条光谱线的波长可以用一个简单的数学公式表示，即

$$\lambda = B\frac{n^2}{n^2-4} \quad (n = 3, 4, 5, \cdots) \tag{3-11}$$

式中，$B = 364.56$ nm。这个公式称为巴耳末公式，将这一公式所表达的一组光谱线称为巴耳末系。

若用波数表示谱线，则式(3-11)变为

$$\sigma = \frac{1}{\lambda} = R_H\left(\frac{1}{2^2} - \frac{1}{n^2}\right) \quad (n = 3, 4, 5, \cdots) \tag{3-12}$$

式中：σ 为波数；R_H 为里德伯常量，近代测定值为 $R_H = 1.097 \times 10^7$ m^{-1}。除巴耳末系外，在氢光谱的紫外区发现一个谱线系，即莱曼系；在红外区发现三个谱线系，分别叫作帕邢系、布拉开系和普丰德系。总结这些谱线，可得出：

$$\sigma = R_H\left(\frac{1}{m^2} - \frac{1}{n^2}\right) = T(m) - T(n) \quad (m > n) \tag{3-13}$$

式中：m 可以取整数值 1，2，3，…，每个 m 值对应于一个谱线系；在每个谱线系中 n 可以取从 $(m+1)$ 开始的一切整数值；$T(n) = R_H/n^2$ 称为光谱项。各系中谱线的波数可以用两个整数 m 和 n 的函数之差来表示。

应用薛定谔方程来求解氢原子问题，可解出氢原子中电子的能量为

$$E_n = -\frac{m_e e^4}{8\varepsilon_0^2 h^2 n^2} = \frac{E_1}{n^2} \quad (n = 1, 2, 3, \cdots) \tag{3-14}$$

由式(3-14)可知，氢原子的能量是量子化的，决定其能量大小的量子数为 n，称为主量子数。n 越大，能量越大。氢原子的能量为负值，这表示电子被束缚在原子中。

当 $n=1$ 时，这是氢原子的最低能级，它所对应的状态称为基态；当 $n \geqslant 2$ 时，各能级对应的状态称为激发态；$n=2$ 的状态称为第一激发态，$n=3$ 的状态称为第二激发态。氢原子的能级示意图如图 3-2 所示。

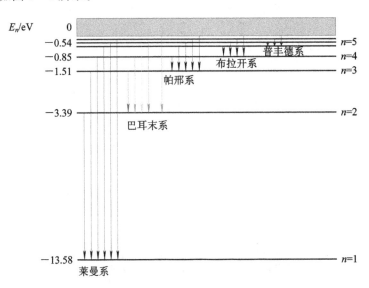

图 3-2　氢原子能级及各能级之间的跃迁形成不同线系的光谱线

电子轨道角动量表示电子绕核旋转的动量矩。对应于能级 E_n 和主量子数 n，轨道角动量 L 大小的可能取值为

$$L = \sqrt{l(l+1)}\,\hbar \quad (l = 0, 1, 2, \cdots, n-1) \tag{3-15}$$

式中，l 称为轨道角动量量子数，简称轨道量子数。对应于氢原子的第 n 能级，可以有 n 个不同的角动量 L 值，电子的角动量不能取任意值，即与能量一样，是量子化的，由 l 决定。必须指出，角动量量子化条件不是独立的，l 受主量子数 n 的限制，只能取到 $n-1$。

根据波函数的周期性条件，将得到轨道角动量 L 的取向不能是任意的结论，它在外磁场方向的分量 L_z 服从如下关系式：

$$L_z = m_l \hbar \quad (m_l = 0, \pm 1, \pm 2, \cdots, \pm l) \tag{3-16}$$

式中，m_l 称为磁量子数。从式(3-16)看出，对于给定的 l 值，m_l 可以有 $2l+1$ 个取值。

二、电子自旋

Ⅱ. Electron Spinning

在研究光谱的多重结构及其他实验时发现，不能把电子简单地看作一个质点，电子还有绕其自身轴的旋转，称为电子的自旋。与轨道角动量的表达方式相同，电子自旋角动量

可表示为

$$S = \sqrt{s(s+1)}\,\hbar = \frac{\sqrt{3}}{2}\hbar \qquad (3-17)$$

自旋角动量在 z 轴方向（外磁场沿 z 轴方向）上的投影为

$$S_z = m_s\hbar \qquad (3-18)$$

m_s 称为自旋磁量子数，它的取值只能是 $m_s = \pm 1/2$。自旋磁量子数的取值反映了自旋的空间量子化。

三、原子的壳层结构

Ⅲ. Shell Structure of Atom

至此，对氢原子结构的描述中引入了四个量子数 n、l、m_l、m_s，用以表征电子的运动状态。实际上，即使是结构更复杂的多电子原子，同样可以用这四个量子数对其进行状态描述：

（1）主量子数 $n(n=1,2,3,\cdots)$ 用于确定原子中电子能量的主要部分。

（2）轨道量子数 $l(l=0,1,2,\cdots,n-1)$ 用于确定电子的轨道角动量。通常，同一个主量子数 n 下不同 l 值的电子状态，其能量稍有不同。

（3）磁量子数 $m_l(m_l=0,\pm 1,\pm 2,\cdots,\pm l)$ 用于确定轨道角动量在外磁场方向上的分量，也就是确定轨道角动量的空间取向。

（4）自旋量子数 $m_s(m_s=\pm 1/2)$ 用于确定电子的自旋角动量在外磁场方向上的分量，也就是确定自旋角动量的空间取向。它也会影响原子在外磁场中的能量。

下面从四个量子数出发，简单描述原子中的电子分布结构。

1925 年，奥地利理论物理学家泡利在分析了原子光谱和其他实验事实后提出，原子系统内的电子状态需要由四个量子数 n、l、m_l、m_s 来确定，并且指出：在一个原子中不可能有两个或两个以上的电子处于相同的状态，即两个电子不可能具有相同的四个量子数。这条规律称为泡利不相容原理。对于给定的主量子数 n，轨道量子数 l 的可能取值为 $(0,1,2,\cdots,n-1)$ 共 n 个；对其中任意一个 l 值，磁量子数 m_l 的可能取值为 $(0,\pm 1,\pm 2,\cdots,\pm l)$，共 $2l+1$ 个；当 n、l、m_l 都确定后，自旋量子数 m_s 取 $1/2$ 和 $-1/2$ 两个可能值。根据泡利不相容原理可以算出，在原子中同一个主量子数 n 的层面上，电子数最多只能是

$$Z_n = \sum_{i=0}^{n-1} 2(2l+1) = 2n^2 \qquad (3-19)$$

1916 年，柯塞耳提出了原子的壳层结构模型，认为主量子数 n 相同的电子同属一个壳层。后来，人们把对应于 $n=1,2,3,\cdots$ 的各壳层分别用大写字母 K，L，M，$\cdots$ 表示。同一壳层中不同的 l 值构成次壳层，对应于 $l=0,1,2,\cdots,n-1$ 的各次壳层分别用小写字母 s，p，d，$\cdots$ 表示。

根据泡利不相容原理可以确定各壳层和各次壳层最多可能容纳的电子数。比如：当 $n=1$，$l=0$ 时必有 $m_l=0$，在这一状态下最多只能容纳两个自旋量子数 m_s 分别为 $1/2$ 和 $-1/2$ 的电子，即在 K 壳层中的 s 次壳层上可有两个电子，以 $1s^2$ 表示其电子态。同理，当 $n=2$，$l=0$ 时，即在 L 壳层中的 s 次壳层上也只可能有两个电子，以 $2s^2$ 表示；当 $n=$

$2,l = 1$ 时，因为 m_l 有三个可能值 0、1、-1，即三个状态，每个状态都有 m_s 分别为 1/2 和 $-1/2$ 的两个电子，因此共有 6 个电子，即在 L 壳层中的 p 次壳层上可以有 6 个电子，以 $2p^6$ 表示。这样算来，在 L 壳层中共可以有 8 个电子。表 3-1 列出了各壳层中的电子数。

表 3-1　原子壳层和次壳层上最多可能容纳的电子数

n＼l		0	1	2	3	4	5	6	Z_n
		s	p	d	f	g	h	i	
1	K	2	—	—	—	—	—	—	2
2	L	2	6	—	—	—	—	—	8
3	M	2	6	10	—	—	—	—	18
4	N	2	6	10	14	—	—	—	32
5	O	2	6	10	14	18	—	—	50
6	P	2	6	10	14	18	22	—	72
7	Q	2	6	10	14	18	22	26	98

电子在原子中的分布除了遵从泡利不相容原理外，还应遵从能量最小原理，即在原子处于正常状态下，每个电子趋于占据最低的能级。能级的高低主要取决于量子数 n，n 越小，能级越低，因此越接近核的壳层一般首先被电子充满。但是能级还与轨道量子数 l 有关，当 n 一定时，l 越小，能级越低，l 越大，能级越高。因此在某些情况下，n 较大而 l 较小的能级可能比 n 较小而 l 较大的能级反而低，从而出现在 n 较小的壳层尚未填满时，就有电子先行填入 n 较大的壳层的情况。这一情况在 $n=4$ 壳层中开始表现出来。关于 n 和 l 都不同的能量高低问题，总结出一条规律，即对原子外层电子而言，能级高低以 $(n+0.7l)$ 的值来确定，此值越大，能级就越高。

根据泡利不相容原理和能量最小原理，由原子的壳层结构可以解释元素周期表以及多电子原子的化学性质。元素的化学性质原则上取决于原子最外层电子的相互作用，因此我们尤其要了解这些电子的布局。正常情况下，原子处于基态，分布电子的能级最低。下面按周期表中原子序数 Z 的次序就一些基态原子的电子组态进行讨论。

第一周期有 2 种原子：排位第一的是氢原子($Z=1$)，核外有 1 个电子，其电子组态为 1s；排位第二的是氦原子($Z=2$)，核外有 2 个电子，都处于 1s 态（两个电子的 m_s 分别为 1/2 和 $-1/2$），其电子组态为 $1s^2$。至此，第一壳层(K)电子已满。这说明为什么第一周期只有 2 种元素。

第二周期有 8 种原子：排位第一的是锂原子($Z=3$)，核外有 3 个电子，由泡利不相容原理知 1s 态最多只能有 2 个电子，因此第三个电子只能被安排在具有较高能级的 2s 态，由此得到锂原子的电子组态为 $1s^2 2s$；排位第二的是铍原子($Z=4$)，核外有 4 个电子，它的电子组态为 $1s^2 2s^2$，这样第二壳层($n=2$)的次壳层($l=0$)已填满；排位第三的是硼原子($Z=5$)，核外有 5 个电子，其中 4 个的电子组态为 $1s^2 2s^2$，第五个只能安排在 2p 态($n=2$，$l=1$)，其电子组态为 $1s^2 2s^2 2p$；后面的原子排位分别是碳、氮、氧、氟和氖，氖的电子组态为 $1s^2 2s^2 2p^6$。至此，第二壳层(L)电子已填满，第二周期结束。

此后，第三周期、第四周期……各原子的电子组态按此规律分布排列。表 3-2 列出了元素周期表中前 30 种基态原子的电子组态。从表中分析，就锂($Z = 3$)、钠($Z = 11$)和钾($Z = 19$)的原子电结构来看，它们的内壳层都已填满(钾的 3d 态次壳层在 4s 态次壳层之外)，最外壳层都只有一个电子，很容易失去而成为正离子，从而与其他原子化合。

表 3 - 2 部分原子的电子组态

原 子	Z	电 子 组 态
氢	1	$1s$
氦	2	$1s^2$
锂	3	$1s^2 2s$
铍	4	$1s^2 2s^2$
硼	5	$1s^2 2s^2 2p$
碳	6	$1s^2 2s^2 2p^2$
氮	7	$1s^2 2s^2 2p^3$
氧	8	$1s^2 2s^2 2p^4$
氟	9	$1s^2 2s^2 2p^5$
氖	10	$1s^2 2s^2 2p^6$
钠	11	$1s^2 2s^2 2p^6 3s$
镁	12	$1s^2 2s^2 2p^6 3s^2$
铝	13	$1s^2 2s^2 2p^6 3s^2 3p$
硅	14	$1s^2 2s^2 2p^6 3s^2 3p^2$
磷	15	$1s^2 2s^2 2p^6 3s^2 3p^3$
硫	16	$1s^2 2s^2 2p^6 3s^2 3p^4$
氯	17	$1s^2 2s^2 2p^6 3s^2 3p^5$
氩	18	$1s^2 2a^2 2p^6 3s^2 3p^6$
钾	19	$1s^2 2s^2 2p^6 3s^2 3p^6 4s$
钙	20	$1s^2 2s^2 2p^6 3s^2 3p^6 4s^2$
钪	21	$1s^2 2s^2 2p^6 3s^2 3p^6 4s^2 3d$
钛	22	$1s^2 2s^2 2p^6 3s^2 3p^6 4s^2 3d^2$
钒	23	$1s^2 2s^2 2p^6 3s^2 3p^6 4s^2 3d^3$
铬	24	$1s^2 2s^2 2p^6 3s^2 3p^6 4s3d^5$
锰	25	$1s^2 2s^2 2p^6 3s^2 3p^6 4s^2 3d^5$
铁	26	$1s^2 2s^2 2p^6 3s^2 3p^6 4s^2 3d^6$
钴	27	$1s^2 2s^2 2p^6 3s^2 3p^6 4s^2 3d^7$
镍	28	$1s^2 2s^2 2p^6 3s^2 3p^6 4s^2 3d^8$
铜	29	$1s^2 2s^2 2p^6 3s^2 3p^6 4s3d^{10}$
锌	30	$1s^2 2s^2 2p^6 3s^2 3p^6 4s^2 3d^{10}$

氦原子($Z = 2$)中的电子正好填满 K 壳层，氖原子($Z = 10$)中的电子正好填满 K 和 L 壳层，因此最稳定，称为惰性气体。

周期表中排列在氖原子前一位的是氟($Z = 9$)，在其 L 壳层上留有一个空位，如果获得一个电子后将形成非常稳定的结构，称为负离子。用同样的方法可以解释周期表中其他元素的化学性质以及它们在周期表中的排列顺序。

从表 3-2 我们也可以给出硅的电子组态，如图 3-3 所示。

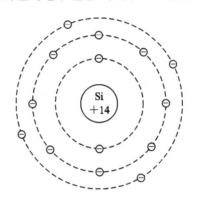

图 3-3　硅的电子组态图示

课后思考题
Exercises After Class

1. 阐述四个量子数 n、l、m_l、m_s 的含义。

_____

_____

_____

_____

2. 简述能量最小定理。

_____

_____

_____

_____

专业体验
Professional Experiences

薛定谔的猫
Schrödinger's Cat

奥地利著名物理学家薛定谔提出了一个著名的物理佯谬——薛定谔的猫。作为与爱因斯坦抨击量子力学哥本哈根派波尔等人的工具，试图从宏观尺度阐述微观尺度的量子态叠加原理的问题。随着物理学的发展，还延伸出了平行宇宙等物理问题和哲学争议。

请学生们分组讨论以下文献资料，谈谈自己对"薛定谔的猫"的认识与看法。

[1]　ANIL ANANTHASWAMY，刘博尧，吴非. 薛定谔的猫到底死没死？做完这个实验就知道[J]. 中国计量，2018(10)：14-16.

[2]　思羽. 现实版薛定谔猫探测量子边界[J]. 世界科学，2018(09)：4-8.

[3]　钟欣. 量子世界里薛定谔的猫[J]. 科技经济导刊，2018(01)：136.

[4]　蓝度. 物理风雨100年：索尔维会议的前生今世[J]. 科技中国，2017(02)：95-100.

[5]　张卫平. "捕捉"薛定谔猫与未来量子技术[J]. 光学与光电技术，2016，14(06)：5-8.

[6]　杨建邺. 科学史上最离奇的佯谬：评约翰·格里宾《寻找薛定谔的猫》[J]. 全国新书目，2015(05)：36-37.

模块知识点复习
Review of Module Knowledge Points

本模块需掌握的知识点有：波函数与薛定谔方程形式；氢原子结构及 n、l、m_l、m_s 的含义；泡利不相容原理与能量最小原理；原子的壳层结构。

模块测试题
Module Test

一、填空题

1. 一维定态薛定谔方程是_____。

2. 态叠加原理是_____。

3. 氢原子光谱有五个系，分别是_____、_____、_____、_____和_____。

4. 在任何时刻，不但该粒子的空间位置_____确定了，而且关于粒子所有力学量（包括速度、动量、角动量、能量等）的_____也都确定了，通过量子力学中特有的数学运算法则，可以计算出各力学量的_____。

5. $L=\sqrt{l(l+1)}\hbar$（$l=0,1,2,\cdots,n-1$）中 L 指_____，l 指_____。

6. $L_z=m_l\hbar$（$m_l\hbar=0,\pm1,\pm2,\cdots,\pm l$）中 m_l 指_____。

7. 主量子数用于_____。

8. 自旋磁量子数的取值可以是_____和_____。

二、简答题

1. n、l、m_l、m_s 的物理意义是什么？

2. 薛定谔方程中波函数反映了什么?

3. 氦原子有两个价电子,基态电子组态为 $1s^2$,若其中一个电子被激发到 2p 态,由此形成的激发态向低能级跃迁时有多少种可能的光谱跃迁? 画出能级跃迁图。

4. 归一化波函数指什么?

5. 泡利不相容原理的内容是什么?

6. 画出硅的电子组态。

模块四　光伏技术的晶体学基础

Module Ⅳ　Crystallography of Photovoltaic Technology

模块引入

Introduction of Module

　　自然界中的固体物质，按其内部结构可以分为晶体、准晶体两大类。晶体的结构特点是组成粒子在空间的排列规则且具有周期性，其外表一般是整齐规则的几何形状，它的许多物理效应在不同方向上呈现各向异性，此外，晶体具有最小的内能、固定的熔点、结构和化学的稳定性等。与晶体相反，非晶体的组成粒子在空间的排列没有一定的规则，原则上属于无序结构，在外表上不能自然形成规则的多面体，它的物理性质是各向同性的，并且非晶体没有固定的熔点，在结构和化学的稳定性方面也不如晶体。

　　绝大多数的光伏半导体材料都是晶体，起码在微观上是如此，因此为更好地了解光伏电池的工作原理，本模块将晶体作为讨论对象，首先从晶体结构的宏观特征出发，揭示晶体微观结构的几何特征，阐明晶体结构的周期性和对称性两大特点；其次介绍晶体的基本类型并描述晶格结构的布拉菲格子、晶向、晶面和倒格矢等重要概念。最后阐明了原子（分子、离子实和电子）是依靠怎样的相互作用结合成为晶体的，以及这些相互作用所决定的各种结合力的来源、物理本质和晶体结合的基本形式，并引入了电负性、互作用势函数、内能等概念，讨论了各类晶体的基本结构和特性。

学习单元一　晶体结构
Study Unit Ⅰ　Crystal Structure

一、晶体的概念和宏观性质

Ⅰ. Concept and Macroscopic Properties of Crystal

　　晶体（crystal）是由大量微观物质单位（原子、离子和分子等）按一定规则有序排列形成的。通常晶体是在恒定环境中（通常在溶液）随着原子的"堆砌"形成，比如常见的天然石英晶体。典型的晶体是一个凸多面体，围成这个凸多面体的光滑平面称为晶面。一个理想完整的晶体，其晶面具有规则而对称的外形。在理想晶体中，原子的排列是十分规则的，主要体现为原子排列具有周期性，即长程有序。

在晶体结构中，一个重要的定律是晶面角守恒定律：属于同一晶种的晶体，两个对应晶面(或晶棱)间的夹角恒定不变。因为同一晶种的晶体，尽管外界条件使外形不同，但其内部结构相同，这个共同性就表现为晶面间夹角的守恒。因此，可以通过测定晶面间夹角的大小来判定晶体晶种的类别，而晶面间夹角可用晶体测角仪来测量。

各向异性指晶体的物理性质随观测方向的不同而不同。压电性质、光学性质、磁学性质和热学性质等都表现出各向异性。晶体受到外界作用时，沿某一个或几个具有确定方位的晶面会发生劈裂，这一性质称为解理性，这些劈裂的晶面则称为解理面。

各种晶体都有自己固定的熔点，比如石英晶体和硅晶体的熔点分别为 1470° 和 1420°。晶体的融化过程可用图 4-1 中的曲线 A 所示，其中曲线横坐标 t 为晶体加热时间，纵坐标 T 为晶体温度，T_0 为晶体的熔点。当晶体被加热到某一特定温度时，晶体开始熔化，且在熔化过程中晶体温度保持不变，当晶体全部熔化后温度又开始上升。而玻璃等非晶体则没有固定熔点，在加热过程中，整个固体先变软，然后逐渐熔化成液体，如图 4-1 中曲线 B 所示。

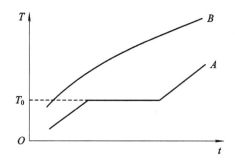

图 4-1 晶体和非晶体的加热曲线

造成晶体与非晶体的宏观特性差异的原因在于它们具有不同的微观结构，图 4-2 是石英晶体和石英玻璃的微观结构示意图，由图可见，两者都由 SiO_2 构成，但对于石英晶体，其内部原子的分布在任意方向都具有周期性，石英玻璃中原子的分布却不具有周期性。通过利用 X 射线对各种晶体进行详细的微观结构分析，结果表明，组成晶体的原子(离子或分子)在空间排列上都是严格周期性的，非常有规则，称为长程有序；而非晶体则不具备长程有序。严格地说，晶体是由其原子(离子或分子)在三维空间按长程有序排列而成的固体材料。

晶体又可分为单晶体和多晶体。单晶体是指在整块材料中，原子都是规则地、周期性地重复排列，一种结构贯穿整体，简称单晶，水晶和金刚石都属于单晶体材料。而实际的晶体绝大部分都是多晶体，简称多晶，例如各种金属材料和陶瓷材料。多晶体是由大量的微小单晶体(称为晶粒)随机堆砌成的，晶粒之间的过渡区称为晶界。多晶中的晶粒可以小到纳米量级，也可以大到肉眼可以看到的程度。由于多晶中各晶粒排列的相对取向不同，因此其宏观性质往往表现为各向同性，外形也不具有规则性。

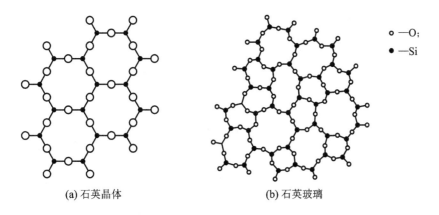

(a) 石英晶体   (b) 石英玻璃

图 4 - 2 石英晶体和石英玻璃的微观结构

由于晶体具有周期性，因此研究晶体时，通常都是从分析一个完整而无限的单晶模型开始，这个模型称为理想晶体。而实际存在的晶体总是有限的，组成晶体的原子在表面和体内存在一定的差别；晶体中的原子在有限温度下不是在体内固定不动，而是作杂乱的、经久不息的热振动；晶体内部还可能出现某些缺陷，夹杂某些杂质等。尽管理想晶体不存在，但它却近似而又本质地反映了实际晶体。为了深刻理解和利用晶体的宏观性，我们将从理想晶体的微观结构开始研究。

二、晶体的微观性质

Ⅱ. Microscopic Properties of Crystal

晶体的微观结构包括晶体是由什么原子(离子或分子)组成的和原子是以怎样的方式在空间排列的这两个方面的内容。为了描述晶体微结构的长程有序，我们首先介绍空间点阵、基元及原胞等概念。

19 世纪法国晶体学家布拉菲(A. Bravais)首先提出晶体的空间点阵理论，即：基元是组成晶体的最小结构单元，可以是单个原子，也可以是包括若干原子的原子基团。理想晶体的内部结构可以看成是基元在空间中按特定的方式作周期性无限排列构成的。

点阵是把基元抽象成几何点，是结构的数学抽象，只要将基元按点阵排布，就可以得到晶体的结构。具体来说，如果把晶体中所有基元的阵点都抽象出来，这些阵点在空间作有规则的周期性无限分布。阵点排列的总体称为空间点阵或布拉菲点阵。空间点阵中阵点分布的规律性，形象直观地反映了原子(离子或分子)在晶体中排列的规律性。为研究方便和形象，常用一些直线将阵点连接起来，构成空间格子，又称布拉菲格子，此时又把阵点称为格点。布拉菲格子是一种数学上的抽象，是点在空间中周期性的规则排列。图 4 - 3 是晶体、基元和空间点阵示意图。

基元是晶体的基本结构单元，每个基元内所含的原子数应当等于晶体中原子的种类数。化学成分不同的原子或化学成分相同但所处的周围环境不同的原子，都被看作是不同种类的原子。图 4 - 3 所示的晶体由 A、B 两种不同化学成分的原子构成，其基元包含了两种原子。又如金刚石晶体，是由相同化学成分的碳原子构成的，但其碳原子所处的周围环境不同，其基元也包含两种碳原子。

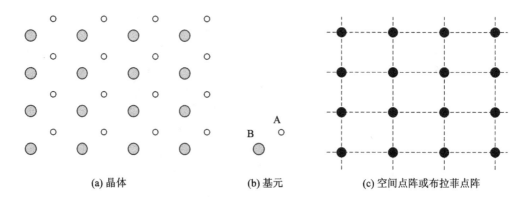

(a) 晶体　　　　　　　(b) 基元　　　　　(c) 空间点阵或布拉菲点阵

图 4-3　基元和空间点阵示意图

　　阵点是基元的代表点，必须选在各基元的相同位置上。这个位置可以是重心，也可以是各基元的相同原子中心。通常是将阵点取在各基元的相同原子中心，或者说将阵点取在晶体中所有同类原子的位置上。在图 4-3 中作晶体的空间点阵时，就是将阵点取在所有 A 类（或 B 类）原子上得到的。

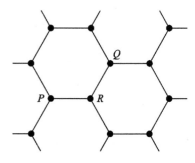

　　空间点阵中所有的阵点都是严格的等同点，各阵点的周围环境完全相同，也就是说，任一阵点周围阵点的排布及取向将完全相同。用比较生动的比喻来说，无论我们站在哪一个点阵上，都察觉不出周围有任何的差别。图 4-4 所示的是二维六角蜂房形点阵，从 P 点和 Q 点来看，周围的环境是完全相同的，但从 R 点来看，周围的阵点排列及取向和 P、Q 点不同，即周围环境不一样，因此这个点阵不是空间点阵或布拉菲点阵。

图 4-4　二维六角蜂房形点阵

　　有了基元和空间点阵的概念，晶体结构就是由组成晶体的基元加上空间点阵来决定的，如图 4-3(a) 所示，即：晶体结构＝基元＋空间点阵（布拉菲点阵）。

　　晶格分为简单晶格和复式晶格两类。在简单晶格中，晶体是由完全相同的一种原子构成的，即基元只包含一个原子，这时晶格中的每一个原子都对应着一个格点，原子形成的晶格等同于格点形成的布拉菲格子，这样的晶格也称为布拉菲晶格或单式晶格。简单晶格中所有原子是完全"等价"的，它们不仅化学性质相同，而且在晶格中处于完全相似的地位。如果晶体由两种或两种以上的原子构成，基元包含了两个或两个以上的原子，这种晶格称为复式晶格。在复式晶格中，每一种等价原子形成一个简单晶格，不同等价原子形成的简单晶格是不同的，因此复式晶格可看作是由若干个不同种类的原子所形成的简单晶格相互位移套构而成的。我们可以用复式格子来描述晶体结构，即

复式格子＝晶体结构

　　所有晶格的特点是具有周期性，初基原胞和基矢用来描述晶格的周期性。初基原胞简称为原胞，指一个晶格最小的周期性单元（实际上是体积最小）。图 4-5 表示的是二维点阵中初基原胞的选取，其中 1、2、3 都是最小周期性单元，4 则不是。对于晶格，初基原胞的选取不是唯一的，原则上讲，只要是最小周期性单元都可以，无论怎么选取，其初基原胞中

的原子数目总是相同的。

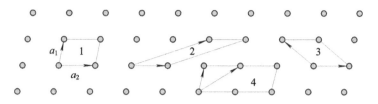

图 4 - 5　初基原胞示意图

由于晶格的周期性，每个格点在空间所"拥有"的体积都一样，设这一体积为 Ω。若以某个格点为原点 O，如图 4 - 6 所示，则总可以沿三个非共面的方向找到与 O 相连的格点 A、B、C，并沿此三个方向作矢量 a_1、a_2、a_3，这三个矢量所围成的平行六面体沿 a_1、a_2 与 a_3 的方向作周期性平移必能填满全部空间而无任何间隙，这一平行六面体则称为布拉菲格子的初基原胞，而 a_1、a_2 与 a_3 则称为初基原胞的基矢。显然，初基原胞的必要条件是其范围内只包含一个格点。此平行六面体，即初基原胞的体积为

$$\Omega = a_1 \cdot (a_2 \times a_3) \qquad (4-1)$$

当布拉菲格子的基矢选定之后，布拉菲格子中的任意格点的位矢为

$$R_n = n_1 a_1 + n_2 a_2 + n_3 a_3 \qquad (4-2)$$

其中，R_n 称为格矢，是布拉菲格子的数学表示；n_1、n_2、n_3 为任一整数。

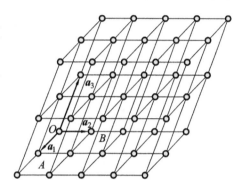

图 4 - 6　初基原胞与基矢

晶体同时也具有对称性，对称外形是其内部原子分布即结构对称性的反映。布拉菲格子的初基原胞虽然能很好地描述晶体结构的周期性，但有时却不能兼顾结构的对称性。为了能清楚地反映晶体的对称性，通常可选取体积是初基原胞整数倍的更大单元作为原胞。这种能同时反映晶体周期性与对称性特征的重复单元称为惯用原胞，在晶体学中也称之为单胞。

另有一种选取重复单元的方法，既能显示点阵的对称性，选出的又是最小的重复单元，这就是所谓的威格纳-赛兹(Wigner-Seitz)方法。选取一个格点为原点，由原点出发到所有的其他格点作连接矢量，并作所有这些矢量的垂直平分面，这些平面在原点附近围成一凸多面体，这一凸多面体中不会再有任何的连接矢量的垂直平分面通过。这一凸多面体的重复排列可以完全填满整个空间，而且不难看出其体积就是一个格点所拥有的体积，即原胞体积 Ω，这样的凸多面体就称为威格纳-赛兹原胞(也叫 W - S 原胞或对称原胞)。

三、晶体的基本类型

Ⅲ. Basic Types of Crystal

在二维情况下，一般的晶格类型为斜方晶格，这是由于晶格中的初基原胞基矢 a_1 和 a_2 具有任意性。对于斜方晶格，当围绕任何一个格点转动时，只有在转动 π 和 2π 弧度时才能保持不变。但是，对于一些特殊的斜方晶格，转动 $2\pi/3$、$2\pi/4$ 或 $2\pi/6$ 弧度，或作镜面反射，也可以保持不变。如果要构造一个晶格，使之在这些新的一种或多种操作下保持不变，

那就必须对 a_1 和 a_2 施加一些限制性条件。对此，有四种不一样的限制，每一种都引导出一种所谓的特殊晶格类型。因此，有五种不同的二维布拉菲晶格类型，如图 4-7 所示。

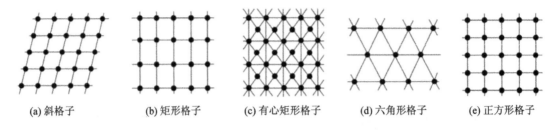

| (a) 斜格子 | (b) 矩形格子 | (c) 有心矩形格子 | (d) 六角形格子 | (e) 正方形格子 |

图 4-7　二维情况下的四种特殊晶格示意图

在三维情况下，一般的晶格类型为三斜晶格，另外 13 种是特殊的晶格类型。根据轴矢 a、b、c 和它们之间的夹角 α、β、γ 的关系，又可以将这 14 种布拉菲格子划分为七大晶系：三斜、单斜、正交、六角、三角、四方和立方晶系，如图 4-8 和表 4-1 所示，每个晶系都能有一个反映其对称性特征的晶胞。

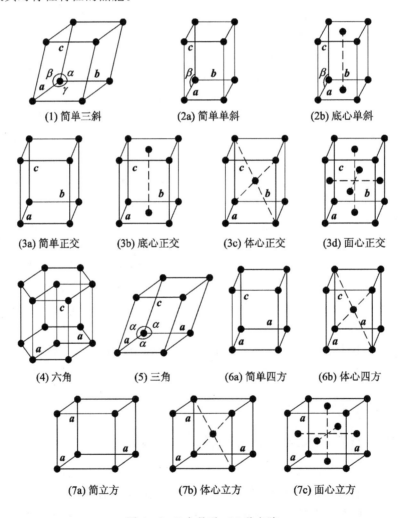

(1) 简单三斜　　(2a) 简单单斜　　(2b) 底心单斜

(3a) 简单正交　(3b) 底心正交　(3c) 体心正交　(3d) 面心正交

(4) 六角　　(5) 三角　　(6a) 简单四方　(6b) 体心四方

(7a) 简立方　　(7b) 体心立方　　(7c) 面心立方

图 4-8　7 大晶系、14 种点阵

表 4 - 1　各 晶 系 特 性

晶系名称	单胞基矢的特性	布拉菲格子
三斜	$a\neq b\neq c$ $\alpha\neq\beta\neq\gamma$	简单三斜
单斜	$a\neq b\neq c$ $\alpha=\gamma=90°$ $\beta>90°$	简单单斜 底心单斜
正交	$a\neq b\neq c$ $\alpha=\beta=\gamma=90°$	简单正交 底心正交 体心正交 面心正交
六角	$a=b\neq c$ $\alpha=\beta=90°$ $\gamma=120°$	简单六角
三角	$a=b=c$ $\alpha=\beta=\gamma/90°$	简单三角
四方	$a=b\neq c$ $\alpha=\beta=\gamma=90°$	简单四方 体心四方
立方	$a=b=c$ $\alpha=\beta=\gamma=90°$	简单立方 体心立方 面心立方

半导体材料中，多数是立方晶体和六角晶体，而以立方晶体最多。立方晶体主要包括三种格子：简单立方、体心立方和面心立方，很多常见的晶体都属于这三类布拉菲格子。在对这三种格子的介绍中，取三个轴矢方向为坐标轴 x、y、z，坐标轴的单位矢量分别为 i、j、k，这三类布拉菲格子的基矢可以由轴矢来表示。

（1）简单立方晶体（sc）。如图 4 - 9 所示，简单立方晶体的格点只在立方体的 8 个顶角上，每个顶角的格点被周围的 8 个原胞所共有，这样每个原胞只占每个顶角格点的 1/8，平均一个原胞只包含 1 个格点（8×1/8=1），惯用原胞与初基原胞一致。如果晶格常数为 a，

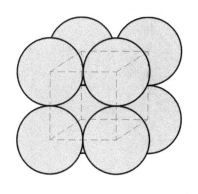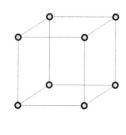

图 4 - 9　简单立方晶体

两种原胞的体积同为 a^3，基矢与轴矢相同，则

$$\begin{cases} \boldsymbol{a}_1 = \boldsymbol{a} = a\boldsymbol{i} \\ \boldsymbol{a}_2 = \boldsymbol{b} = a\boldsymbol{j} \\ \boldsymbol{a}_3 = \boldsymbol{c} = a\boldsymbol{k} \end{cases} \tag{4-3}$$

（2）体心立方晶体（bcc）。在体心立方中，除在顶角上有格点外，在立方体的中心还有一个格点，这个格点完全被一个原胞所占有，因此每个惯用原胞含有 2 个格点（$1+8\times 1/8=2$）。每个初基原胞只能包含一个格点，图 4-10 画出了体心立方惯用原胞及初基原胞示意图，其初基原胞是一个边长为 $\sqrt{3}a/2$，相邻边之夹角为 $109°28'$ 的六面体。若晶格常数为 a，初基原胞体积为 $\Omega=\boldsymbol{a}_1\cdot(\boldsymbol{a}_2\times\boldsymbol{a}_3)$，惯用原胞体积为 a^3，则基矢为

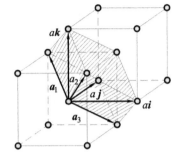

$$\begin{cases} \boldsymbol{a}_1 = \dfrac{a}{2}(\boldsymbol{i}+\boldsymbol{j}-\boldsymbol{k}) \\[2mm] \boldsymbol{a}_2 = \dfrac{a}{2}(-\boldsymbol{i}+\boldsymbol{j}+\boldsymbol{k}) \\[2mm] \boldsymbol{a}_3 = \dfrac{a}{2}(\boldsymbol{i}-\boldsymbol{j}+\boldsymbol{k}) \end{cases} \tag{4-4}$$

图 4-10　体心立方惯用原胞及初基原胞示意图

（3）面心立方晶体（fcc）。在面心立方中，除顶角上有格点外，在立方体 8 个面的中心位置上还有 6 个格点，而面心上的格点又为两个相邻的原胞所共有，故每个惯用原胞共包含 4 个格点（$8\times 1/8+6\times 1/2=4$）。面心立方结构是布拉菲格子。

图 4-11 是面心立方惯用原胞及初基原胞示意图。通过基矢 $\boldsymbol{a}_1$、$\boldsymbol{a}_2$ 与 $\boldsymbol{a}_3$ 将原点处的格点同面心位置上的格点连接起来作菱面体，即得到面心立方的初基原胞，初基原胞只包含一个格点，体积为 $a^3/4$，轴间夹角为 $60°$，其基矢为

$$\begin{cases} \boldsymbol{a}_1 = \dfrac{a}{2}(\boldsymbol{j}+\boldsymbol{k}) \\[2mm] \boldsymbol{a}_2 = \dfrac{a}{2}(\boldsymbol{i}+\boldsymbol{k}) \\[2mm] \boldsymbol{a}_3 = \dfrac{a}{3}(\boldsymbol{i}+\boldsymbol{j}) \end{cases} \tag{4-5}$$

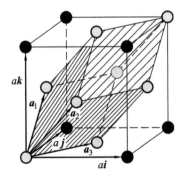

图 4-11　面心立方惯用原胞与初基原胞示意图

四、典型晶体结构

IV. Typical Crystal Structure

不同晶体原子规则排列的具体形式可能是不同的，我们就说它们具有不同的晶体结构，而有些晶体之间原子规则排列形式相同，只是原子间的距离不同，我们就说它们具有相同的晶体结构。通常可以原子半径、配位数和致密度等几个参数描述不同晶格中原子的排列。

（1）原子半径 r：对于同种元素原子构成的晶体，原子半径 r 通常是指原胞中相距最近距离两个原子之间距离的一半。它与晶格常数 a 之间有一定的关系，常见晶体结构 r 与 a 的关系见表 4-2。

（2）配位数 CN：晶体中原子排列的紧密程度是区别不同晶体结构的重要特征，通常可以用配位数（Coordination Number，CN）来描述。配位数是晶体中任一原子最近邻的原子数目，配位数越大，晶体中原子排列越密集。常见晶体结构的配位数见表 4-2。

（3）致密度 η：另一种描述晶体中原子排列紧密程度的物理量是致密度 η，又称空间利用率，是指晶体中原子所占总体积与晶体总体积之比。若惯用原胞中含有 n 个原子，每个原子的体积为 V，惯用原胞体积为 V_a，则

$$\eta = \frac{nV}{V_a}$$

表 4-2　常见晶体结构的一些参数

晶体结构	晶胞内原子数 n	r 与 a 的关系	配位数 CN	致密度 η
体心立方	2	$r = \dfrac{\sqrt{3}a}{4}$	8	0.68
面心立方	4	$r = \dfrac{\sqrt{2}a}{4}$	12	0.74
六方密堆积	6	$r = \dfrac{a}{2}$	12	0.74
金刚石	8	$r = \dfrac{\sqrt{3}a}{8}$	4	0.34

典型的晶体结构有氯化钠（NaCl）结构、金刚石结构、闪锌矿结构、氯化铯（CsCl）结构和钙钛矿结构。其中，金刚石结构和钙钛矿结构是固体物理领域中常见的两大典型结构。而重要的半导体材料如硅、锗等都属于金刚石结构，下面重点介绍金刚石结构。

由碳原子形成的金刚石结构的典型单元往往用图 4-12 来表示，其中图 4-2(a)表示金刚石结构的惯用原胞，除面心立方晶胞所含有的原子外，惯用原胞内体对角线上还有 4 个原子，每个原子与相邻的 4 个原子形成正四面体，每个金刚石结构的惯用原胞共含 8 个原子，这种结构相当于原来互相重叠的两个面心立方子晶格沿体对角线相互平移错开体对角线长度的 1/4 套构而成。图 4-12(b)所示是金刚石结构在一个立方晶面上的投影。

金刚石结构中包含两类不等价的原子，一类处于惯用原胞立方体的面心和顶角上，记为 A 类原子；另一类处于立方体的体对角线上，

金刚石结构

记为 B 类原子。在一个惯用原胞内，A 类原子与 B 类原子的数目相等，都是 4 个，但两类原子所处的环境是不同的。这是因为金刚石中碳原子之间的结合方式是每个碳原子借助外层的 4 个价电子与周围的 4 个碳原子形成 4 个共价键，成为正四面体结构，四面体顶角原子 A 和中心原子 B 价键的取向不同，如图 4-12(c) 所示。A、B 两类原子的价键取向不同，周围情况不同，因而不等价，因此，金刚石结构不是布拉菲格子，而是复式格子。金刚石结构的配位数为 4，布拉菲格子是面心立方，每个初基原胞中包含两个同种元素，但所处周围环境不同的原子。若将金刚石结构中的碳原子换成硅原子，即可得到硅的晶体结构。

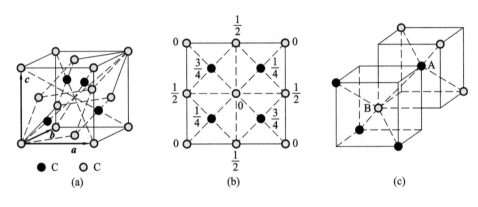

图 4-12 金刚石晶体结构

五、晶向与晶面

由于晶体结构的对称性，晶体中布拉菲格子的格点分布可以用二维平面或一维直线在空间的平移来重现；在研究晶体的物理性质时，由于晶体具有各向异性的特性，通常需要标明直线的方向或平面的方位来描述晶体的方向性。为此，引入晶列、晶向和晶面的概念。

在布拉菲格子中以任一格点为原点 O，以惯用原胞的轴矢 a、b、c 为单位矢量，则由原点 O 到任一格点 P 的矢量 $\overrightarrow{OP}$ 可表示为

$$\overrightarrow{OP} = la + mb + nc$$

坐标 (l, m, n) 即为格点指数，表示为 $[(l, m, n)]$。按照惯例，负指数用头顶上加一横表示，例如，$l=-2$，$m=1$，$n=-3$，记为 $[(\bar{l}, m, \bar{n})]$。

对无限大的理想晶体，将布拉菲格子中任意两个格点连成一直线，这一直线便称为晶列。对任一布拉菲格子，都可以作出一系列相互平行的晶列构成晶列族，一族晶列包含整个布拉菲格子中的格点。同一个格子可以形成方向不同的晶列，图 4-13 给出了几族不同方向的晶列。每一族晶列定义了一个方向，称为晶向，可以用晶向指数来区分和标志。由图 4-13 可见，同一族的晶列不但具有相同的方向，而且其上的格点分布也具有相同的周期，即晶列族为平行等距的直线系；不同族的晶列不仅方向不同，格点分布的周期一般也不相同。

晶向指数实质上是晶向在三个坐标轴上投影的互质整数，它代表了一族晶列的取向。如果从一个格点沿某晶列方向到最近邻格点的平移矢量为 $h'a + k'b + l'c$，将系数 $(h', k',$

l')化为互质整数(h,k,l)，则该晶列族的方向就可以h、k、l表示，记为$[hkl]$，其负值用$[\bar{h}\,\bar{k}\,\bar{l}]$表示，$h$、$k$、$l$就称为晶向指数。同一晶列可有两个相反的晶向，因而对应有两个晶向指数$[hkl]$和$[\bar{h}\,\bar{k}\,\bar{l}]$。图4-14标出了立方晶格中几个最为常见的重要的晶列指数。一般晶向指数较小(指绝对值)的晶列上格点分布较密，而晶向指数较大的晶列上格点分布较稀疏。晶体中重要的晶列往往是晶向指数小的晶列。

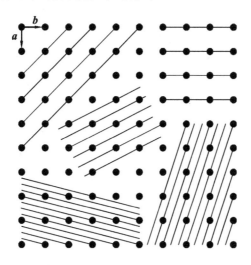

图4-13　晶列族示意图

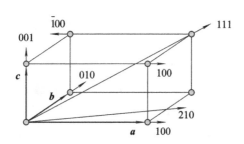

图4-14　立方晶格的晶向指数

晶体具有对称性，若晶向只是方向不同，但在这些方向上的格点分布相同，物理性质相同，可以视为等效的，等效晶向可以用$\langle hkl\rangle$表示。例如立方晶系的$[100]$、$[010]$、$[001]$、$[\bar{1}00]$、$[0\bar{1}0]$、$[00\bar{1}]$六个晶向，它们是等效晶向，用$\langle 100\rangle$表示。同样等效晶向$\langle 111\rangle$有8个，等效晶向$\langle 110\rangle$有12个。

布拉菲格子中任意三个不共线的格点可以做一个平面，该平面包含无数多个周期性分布的格点，这样的平面称为晶面。整个布拉菲格子可以看成是由无数个相互平行且等距离分布的晶面构成的，这些晶面称为晶面族。所有格点都处于该晶面族上。同一布拉菲格子中可以有无限多方向不同的晶面族。图4-15给出了一些位向不同的晶面族。

通常可以用晶面族的面间距和法线来描述布拉菲格子中某一晶面族的全部特征，并将这个晶面族与其他晶面族区分开。面间距是一族晶面中相邻两个晶面间的距离，法线方向可由晶面在三个坐标轴上截距的倒数来表示，并用晶面指数来标志。设某晶面系中任一晶面在轴矢a、b、c方向的截距为r、s、t，将坐标(r,s,t)的倒数$\left(\dfrac{1}{r},\dfrac{1}{s},\dfrac{1}{t}\right)$化为互质整数，并用($hkl$)来表示，这就是该晶面指数。并且可以证明：截距$r$、$s$、$t$必为有理数，它是点阵周期性的必然结果，这就是晶面有理指数定律，具体表述为：晶体中任一晶面，在基矢天然坐标系中的截距为有理数。

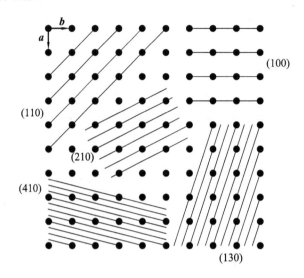

图 4 - 15 晶面指数和面间距

晶面的标志取决于所采用的坐标系，同一族晶面，在不同的坐标系中指数往往是不同的。一般情况下，同一布拉菲格子的晶向指数和晶面指数在基矢坐标系或轴矢坐标系中均可表示。在轴矢坐标系下描述的晶面指数称为米勒指数，多数情况下晶面指数在轴矢坐标系中表示较方便。

凡是相互平行的晶面，都用相同的晶面指数来表示。图 4 - 15 中（垂直于a、b的轴矢c未画出）标出了一些晶面的晶面指数。从图中可以看出，指数简单的晶面，如（100）、（110）等，它们的面密度较大，晶面间距也较大，这是因为所有格点均在一族平行等间距的晶面上而无遗漏，所以面密度大的晶面，必然导致面间距大。沿着这些面间距大的晶面（称为解理面），晶体容易开裂。不同结构的晶体，有其特定的解理面。例如，体心立方结构的解理面为｛100｝，六方密堆积的解理面为｛1000｝。

晶面指数（hkl）既可以表示一族晶面的位向，也可以表示单个晶面。一族晶面有两个不同的法线方向，因而可用两个晶面指数来表示，如果一个是（hkl），则另一个为（$\bar{h}\,\bar{k}\,\bar{l}$），可根据需要选用。

六、倒空间

Ⅵ. Reciprocal Space

在物理学中，一个物理问题可以在坐标空间描述，也可以在动量空间描述，而动量空间是坐标空间的傅里叶变换。在固体物理学中，通常称坐标空间为正空间，而称波矢空间为倒空间。例如，正空间中的面间距和法线方向可以用来描述一晶面族的特征，该晶面族的特征还可以用一个矢量综合体现出来，它的方向是该晶面的法线方向，而它的大小则为该晶面族面间距倒数的 2π 倍，这样的矢量称为倒格矢，倒格矢端点称为倒格子。倒格子与晶体点阵或晶格(正格子)相似,也是由一系列在倒空间中周期性排列的点构成的。

每个布拉菲格子都有一倒格子与之相应,设正格子初基原胞基矢为 a,由此定义三个新的矢量:

$$\left.\begin{aligned}
b_1 &= 2\pi \frac{a_2 \times a_3}{a_1 \cdot (a_2 \times a_3)} \\
b_2 &= 2\pi \frac{a_3 \times a_1}{a_1 \cdot (a_2 \times a_3)} \\
b_3 &= 2\pi \frac{a_1 \times a_2}{a_1 \cdot (a_2 \times a_3)}
\end{aligned}\right\} \tag{4-6}$$

称为倒格子基矢量,其中 $a_1 \cdot (a_2 \times a_3) = \Omega$,为正格矢初基原胞的体积。

倒格子中的一个基矢对应于正格子中的一族晶面,反之,晶格中的一族晶面可以转化为倒格子中的一个点,一个晶格与其倒格子属于同一晶系,它们的形状一般并不相似,对应的轴一般也不相互平行,正格子与倒格子是相对应的,这在处理晶格的问题上有很大的意义。

正如以 a_1、a_2、a_3 为基矢可以构成布拉菲格子一样,以 b_1、b_2 和 b_3 为基矢也可以构成一个倒格子,倒格子每个格点的位矢(即倒格子矢量,简称倒格矢)可表示为

$$G_h = h_1 b_1 + h_2 b_2 + h_3 b_3 \tag{4-7}$$

其中 h_1、h_2、h_3 为整数,当 $h_1 = h_2 = h_3 = 0$ 时,即为倒空间的原点。以倒格子基矢 b_1、b_2 和 b_3 形成的平行六面体为倒格子原胞,倒格子原胞的体积为

$$\Omega^* = b_1 \cdot (b_2 \times b_3) \tag{4-8}$$

由倒格子基矢定义式(4-6)很容易验证它们具有下列基本性质:

$$a_i \cdot b_j = 2\pi\delta_{ij} = \begin{cases} 2\pi, & i = j \\ 0, & i \neq j \end{cases} \quad (i, j = 1, 2, 3) \tag{4-9}$$

也有人把式(4-9)当作倒格子基矢的定义。值得指出的是,倒格子基矢的量纲是 L^{-1},与波矢量 k 有相同的量纲。

倒格子原胞体积与正格子初基原胞体积有如下的关系:

$$\Omega^* \Omega = (2\pi)^3 \tag{4-10}$$

利用式(4-9)不难推导出正格矢 $R_n = n_1 a_1 + n_2 a_2 + n_3 a_3$ 与倒格矢 $G_h = h_1 b_1 + h_2 b_2 + h_3 b_3$ 之间满足:

$$R_n \cdot G_n = 2\pi m, \quad m \text{ 为整数} \tag{4-11}$$

由式(4-5)和叉乘的几何意义可知,倒格子基矢 b_1 沿着 $a_2 \times a_3$ 的方向,同理,b_2 沿着 $a_3 \times a_1$ 的方向,b_3 沿着 $a_1 \times a_2$ 的方向,如图4-16所示。

图4-16中,b_3 是确定的晶面(001)的法线方向,同时

$$|b_3| = 2\pi \frac{|a_1 \times a_2|}{\Omega} = 2\pi \frac{|a_1| \cdot |a_2| \sin\theta}{|a_1| \cdot |a_2| \sin\theta \cdot d_{001}} = \frac{2\pi}{d_{001}} \tag{4-12}$$

其中,θ 是 a_1、a_2 之间的夹角,d_{001} 为晶面族的面间距。倒格子基矢 b_3 的方向表示正晶格中(001)晶面的法线方向,其模值反比(001)面的面间距。对于 b_1 和 b_2,也可作类似的讨论。

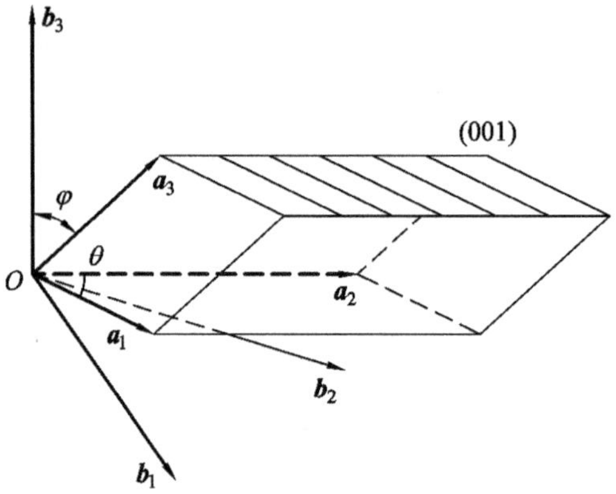

图 4-16 正格子和倒格子的关系

课后思考题
Exercises After Class

1. 晶体结构、空间点阵、基元、单式格子和复式格子之间的关系和区别是什么？

_____

_____

_____

_____

2. 倒格子基矢是如何定义的？正、倒格子之间有哪些关系？

_____

_____

_____

_____

3. 请简述硅材料的晶体结构。

_____

_____

_____

_____

学习单元二 晶体类型及组成
Study Unit Ⅱ Type and Composition of Crystal

　　晶体的结合可以分为离子性结合、共价性结合、金属性结合、范德瓦尔斯力和氢键结合。实际的晶体结合以这几种基本形式为基础，可以是一种，也可以兼有几种混合形式的结合，不同结合形式之间存在着一定的联系。晶体结合的基本形式与晶体的结构和物理、化学性质有着密切的关系，因此晶体的结合是研究晶体材料性质的重要基础。

一、内能函数与晶体的性质

原子能结合成晶体的根本原因在于原子结合起来后整个系统具有更低的能量,换言之,原子凝聚成晶体后,系统的能量将降低。在原子结合成晶体的过程中,将有一定的能量 W 释放出来,定义为结合能。而晶体的内能 U 是指在绝对零度下将晶体分解为相距无限远的、静止的中性自由原子所需要的能量。

晶体的内能(又称为互作用势能)U 是系统的总能量。如果把分散原子的总能量作为能量的零点,则有

$$U = 0 - W = -W \qquad (4-13)$$

晶体的内能包括吸引势能与排斥势能,即

$$U = 吸引势能 + 排斥势能 \qquad (4-14)$$

排斥势能是一种短程相互作用,且为正值;吸引势能是长程相互作用,为负值。这样,总的内能函数曲线才有极小值,它对应于晶体的平衡体积 V_0,如图 4-17(a)所示。

在绝对零度和不考虑外力作用的平衡条件下,晶体中的原子间距 r_0 都是一定的。当两个原子间距变大,即原子间距 $r > r_0$ 时,原子之间就产生相互吸引力,如图 4-17(b)所示。

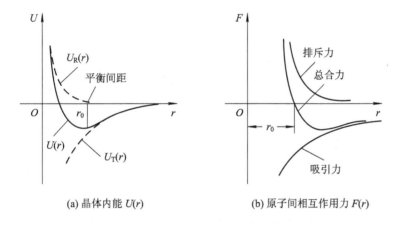

(a) 晶体内能 $U(r)$　　　　(b) 原子间相互作用力 $F(r)$

图 4-17　$U(r)$ 及 $F(r)$ 随原子间距 r 变化的规律

当两个原子相互靠近时,它们的电荷分布将逐渐发生交叠,从而引起系统的静电势能的变化。如图 4-18 所示,图中的圆点代表原子核。

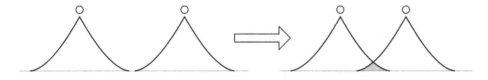

图 4-18　原子相互靠近时电子电荷分布的交叠

在两原子相距足够近的时候,即 $r < r_0$ 时,交叠能是排斥性的,两原子之间就出现排斥力,晶体的内能亦增大。吸引力将自由原子结合在一起,而排斥力又阻止它们的无限靠近,当二者的作用相互平衡时,就形成了稳定的晶体。对于具有稳定结构的晶体,由于原子之间的相互作用,晶体系统具有比其组成原子处于自由状态时的系统更低的能量。

  实际晶体中各个原子间总是同时存在吸引力和排斥力。对于不同的晶体，两个原子间互作用势能 $U(r)$ 和互作用力 $F(r)$ 随原子间距 r 变化的规律大致是相同的。互作用势能由吸引势能 $U_T(r)$ 和排斥势能 $U_R(r)$ 构成，即

$$U(r) = U_T(r) + U_R(t) \tag{4-15}$$

  吸引势能 $U_T(r)$ 主要来自于异性电荷间的库仑吸引，排斥势能 $U_R(t)$ 主要来自两个方面：一是同性电荷间的库仑排斥能，主要是核之间的排斥能；二是泡利不相容原理引起的排斥能。

  在绝对零度下，总的晶体内能为

$$U(r) = U_T(r) + U_R(t) = -\frac{a}{r^m} + \frac{b}{r^n} \tag{4-16}$$

  晶体中原子间的相互作用力可以表示为

$$f(r) = -\frac{\partial U(r)}{\partial r} = -\frac{am}{r^{m+1}} + \frac{bn}{r^{n+1}} \tag{4-17}$$

  图 4-17 表示了晶体内能和互作用力随原子间距 r 变化的一般规律。在 $r = r_0$ 处，晶体的内能具有最小值 $U_c(r_0)$，其值为负。与分离成各个孤立原子的情况相比，各个原子聚合起来形成晶体后，系统的能量将下降 $|U_c(r_0)|$，$U_c(r_0)$ 的绝对值就是前面提到的晶体的内能。正因为如此，由各个原子聚合在一起形成的晶体是稳定的。内能 $U_c(r_0)$ 可以描述为

$$U_c(r_0) = -\frac{a}{r_0^m}\left(1 - \frac{m}{n}\right) \tag{4-18}$$

  晶体的 $U_c(r_0)$ 越大，其中的原子相互间结合得越牢，则相应的晶体也越稳定，要使它们分开来就需要提供更大的能量。因此，内能较大的晶体，只有在较高的温度（其原子或分子的热运动能量较大）下，晶体的结构才可以瓦解而转化为液体，即内能高的晶体必有较高的熔点。

  由晶体的内能可知，

$$\left.\frac{\partial U(V)}{\partial V}\right|_{V_0} = 0 \tag{4-19}$$

由上式可以解出晶体的平衡体积 V_0，再根据具体的晶体结构，可以求出晶格常数 0。

  原子的电离能 W_i 是指使基态原子失去一个价电子所需的能量。电离能的大小衡量原子对价电子的束缚强弱，它取决于原子的结构，诸如核电荷、原子半径及电子的壳层结构。

  原子的亲和能 W_a 是指一个基态中性原子获得一个电子成为负离子所释放出的能量。亲和能的大小衡量原子捕获外来电子的能力，亲和能越大，表示原子得电子转变成负离子的倾向越大。

  晶体中原子之间相互作用的来源与原子核及核外电子组态密切相关，或者说与原子得失电子的能力密切相关，这种能力可以用电负性的概念加以定量的描述。原子的电负性是原子得失价电子能力的一种度量，它是描述组成化合物分子的原子吸引电子强弱的物理量。定义为：电负性＝常数（电离能＋亲和能），即

$$\chi = C(W_i + W_a) \tag{4-20}$$

式中，C 为常数，常数的选择以方便为原则。一种常用的选择方法是为使锂（Li）的电负性为 1，则 C 取 0.18。原子的电负性也可以大致描述原子结合成晶体时，其外层电子重新分布的规律，也是构成形式多样的晶体类型和晶体结构的原因之一。

电负性是原子电离能和亲和能的综合表现，电负性大的原子，易于获得电子；电负性小的原子，易于失去电子。固体的许多物理、化学性质都与组成它的元素的电负性有关。

二、晶体组成的类型
Ⅱ. Types of Crystal Composition

靠离子键结合的晶体称为离子晶体或极性晶体。最典型的离子晶体就是碱金属元素 Li、Na、K、Rb、Cs 和卤族元素 F、Cl、Br、I 之间形成的化合物。这种结合的基本特点是以离子而不是以原子为结合的单位。例如，NaCl 晶体是以 Na^+ 和 Cl^- 为单元结合成的晶体，它们的结合就是靠离子之间的库仑吸引作用。虽然具有相同电性的离子之间存在着排斥作用，但由于在离子晶体的典型晶格（如 NaCl 晶格、CsCl 晶格）中，正、负离子相间排列，使每一种离子以异号的离子为近邻，因此，库仑作用的总的效果是吸引性的。

当电负性相同或接近，尤其是电负性又都较大的两个原子彼此靠近时，各贡献一个电子为两个原子所共有，形成共价键，从而使其结合在一起形成晶体，这种结合称为共价结合。以共价结合形成的晶体称为共价晶体，也称为原子晶体或同极晶体。

共价结合有两个基本的特性：饱和性和方向性。

饱和性是指一个原子只能形成一定数目的共价键，因此，依靠共价键只能和一定数目的其他原子相结合，即共价键只能由未配对的电子形成。根据泡利不相容原理，组成同一个共价键中的两个电子必须具有相反的自旋。我们称这种已经成键的具有相反自旋的一对电子为已配对电子，已配对电子不可能再和其他电子形成新的共价键。例如氢原子在 1s 轨道上只有一个电子，为未配对电子，它可以和其他原子中的未配对电子形成共价键。而氦原子的 1s 轨道上已有两个电子，根据泡利原理，它们是自旋相反排布的，这样已经自旋相反"配对"的电子就不能形成共价键。根据这个原则，对于外壳层为 ns 及 np 的原子来说，原子填满外壳层的电子数应为 8。如果原子的最外层价电子数 N 小于满壳层电子数的一半，即 $N<4$，则这些电子都可成为自旋未配对的电子，所以这种原子最多可以形成 N 个共价键；如果原子的价电子数 $N\geqslant4$，则最多可以有 $(8-N)$ 个未配对的电子，可以形成 $(8-N)$ 个共价键，这即为所谓的 $(8-N)$ 定则。Ⅳ族至Ⅵ族的元素依靠共价键结合，共价键的数目符合 $(8-N)$ 定则。

方向性是指原子只在特定的方向上形成共价键。根据共价键的量子理论，共价键的强弱取决于形成共价键的两个电子轨道的重叠程度。在形成共价键时，电子轨道发生交叠，交叠越多，键能越大，系统能量越低，键越牢固。因此，原子是在电子轨道交叠尽可能大的方向上形成共价键。

共价键的饱和性和方向性，造就了原子形成的共价晶体具有特定的结构。共价键的饱和性，决定了共价晶体的配对数，它只能等于原子的共价键数，或者说等于原子的价电子数 N（当 $N<4$）或 $8-N$（当 $N\geqslant4$）。而具体的晶体结构又决定于共价键的方向性。最典型的例子是Ⅳ族元素 C、Si、Ge 形成的共价晶体的结构，例如硅晶体，它是由硅原子组成的，硅原子的价电子组态为 $3s^23p^2$，如图 4-19(a)所示，两个 s 电子已经配对，不能与其他原子的电子配对形成共价键，只有两个 p 电子才能与其他原子的电子配对形成共价键，硅的化合价为 4 价而不是 2 价，可以通过电子轨道杂化得到解释。杂化后，最外层电子排布为 $3s^1$

$3p^3$，如图 4-19(b)所示。最外层 4 个电子都未配对，都可以形成共价键。就其方向性而言，轨道杂化后，每个电子都还有 1/4 的 s 成分和 3/4 的 p 成分，它们的性质是等同的，在结合时，4 个硅原子分别处在正四面体的 4 个顶角上。

(a) 轨道杂化前　　　　　(b) 轨道杂化后

图 4-19　硅晶体中 Si 原子的杂化轨道示意图

电子处在杂化轨道上，能量比硅原子的基态能量提高了，换句话说，杂化轨道需要一定的能量。但是经过杂化以后，成键的数目增多了，而且由于电子云更加密集在四面体顶角方向上，使得成键能力更强了，形成共价键时能量的下降足以补偿轨道杂化的能量。

金属性结合的基本特点是电子的"共有化"，也就是说，在结合成晶体时，原来属于各原子的价电子不再束缚在原子上，而转变为在整个晶体内运动，它们的波函数遍及于整个晶体，金属的结合作用在很大程度上是由于金属中价电子的动能与自由原子相比有所降低的缘故。在晶体内部，一方面是由共有化电子形成的负电子云，另一方面是浸在这个负电子云中的带正电的各原子实。负电子云和正离子实之间存在库仑相互作用，显然体积越小负电子云越密集，库仑相互作用的库仑能越低，表现了把原子聚合起来的作用。

晶体的平衡是依靠一定的排斥作用与以上库仑吸引作用相抵。排斥作用有两个来源：当体积缩小，共有化电子密度增加的同时，它们的动能将增加，就如前面已经指出，根据托马斯-费米统计方法，动能正比于电子云密度的 2/3 次幂；另外，当原子实相互接近到它们电子云发生显著重叠时，也将和在离子晶体中一样，产生强烈的排斥作用。

我们所熟悉的金属的特性，如导电性、导热性、金属光泽，都是和共有化电子可以在整个晶体内自由运动相联系的。

上面讲述的金属键、共价键和离子键都是很强的键，这导致原子的价电子在结合成晶体时都发生了根本性的变化，比如离子晶体中的原子首先转化为正、负离子，而共价晶体中的价电子形成共价键的结构，在金属晶体中，价电子产生共有化运动。范德瓦尔斯(Vanderwaols)结合往往产生于原来具有稳固电子结构的原子或分子之间，比如具有满壳层结构的惰性气体的原子或价电子已用于形成共价键的饱和分子，它们结合成晶体时，电子结构基本保持不变，原子和分子之间存在着一些弱得多的相互作用。另一方面，电子的零点运动会使原子(分子)具有固有的电偶极矩或产生瞬时的电偶极矩，它又使其他原子(或分子)产生感应电偶极矩，靠这种感应电偶极矩的相互作用可以将原子(分子)结合形成晶体。通常将这种相互作用力称为范德瓦尔斯力。靠范德瓦尔斯力的作用结合而成的晶体，称为分子晶体。典型的分子晶体是惰性气体晶体 He、Ne、AT、Xe 等，以及 CO_2、HCl_2、H_2、Cl_2 等物质，大部分有机化合物晶体也属于分子晶体。

另一种值得一提的弱键是氢键，氢键结合是一种特殊的结合方式。中性氢原子只有一个电子，所以它应该同另一个原子形成一个共价键。但是当它与电负性很强的原子如 F、O、N 结合形成共价键时，电子云偏向电负性大的原子一方，使氢原子的质子裸露在外面，因而电负性大的原子成为部分负离子，而氢原子成为部分正离子。这样通过正、负电荷间的库仑作用，氢原子又可以与另一个电负性大的原子相结合。由于氢原子的这种特殊结构，实际可以同时与两个电负性大的原子结合，其中一个键属于共价键。而另一个通过库仑作用相结合的键就称为氢键。

课后思考题
Exercises After Class

1. 晶体的结合类型有哪些? 共价键的定义和特点是什么?

_____

_____

_____

_____

2. 请简述硅的轨道杂化。

_____

_____

_____

_____

学习单元三　晶格振动及声子
Study Unit Ⅲ　Lattice Vibration and Phonon

为了突出晶体晶格的周期性特点，在前面我们忽略了原子本身的运动，把晶体结构抽象为空间点阵加基元。实际上，原子在平衡位置附近做不停息的热运动，在常温下，晶体中原子热运动的幅度和原子间距相比是很小的，晶体原子的这种微振动被称为晶格振动。在研究晶体的热学性质、电学性质、光学性质、超导电性等一系列物理问题时，晶格振动都有着非常重要的作用。由于晶体中原子间存在着很强的相互作用，因而原子的微振动不是孤立的，原子的运动状态会在晶体中以波的形式传播，形成"格波"。

一、晶格振动与格波
Ⅰ. Lattice Vibration and Lattice Wave

一维单原子链晶格的振动是学习格波的典型例子，它的振动既简单可解，又能全面地表现格波的基本特点。图 4-20 所示的一维单原子链物理模型是最简单的晶格模型，图中 N 个相同的原子周期性地排列在一条直线上，原子的质量均为 m，平衡时原子间距为 a(晶格常数)。由于热运动，各原子会离开它们的平衡位置，选某一原子的平衡位置为坐标原点，第 n 个原子平衡位置的坐标为 $x_n^0 = na$，它的绝对位移记为 U_n，设向右为正，向左为负。位移后的坐标为 $x_n = na + U_n$。

当原子均处在平衡位置时，原子间的引力和斥力相互平衡，合力为零，而当原子间有相对位移时，它们之间的合力不为零。为简要分析，作如下两种近似:

(1)近邻相互作用近似:由 n 个原子组成的晶体中的任一原子，实际上都要受到其余

$n-1$ 个原子的作用，但对其作用最强的还是近邻原子，因此为简化问题，可以只考虑最近邻原子之间的相互作用。

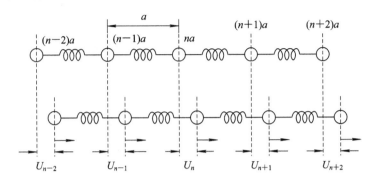

图 4-20　一维单原子链物理模型

（2）简谐近似：当温度不太高时，原子间的相对位移较小，相互作用势能在平衡点处的泰勒展开式中只取到二阶项，这一近似称为简谐近似。在处理小振动问题时，一般都采用简谐近似。

在以上两种近似下，根据牛顿定律，得到第 n 个原子的运动方程为

$$m \frac{d^2(na + U_n)}{dt^2} = m \frac{d^2 U_n}{dt^2} = \beta(U_{n+1} + U_{n-1} - 2U_n) \qquad (4-21)$$

上式表示第 n 个原子的加速度不仅与 U_n 有关，且与 U_{n+1}、U_{n-1} 有关，这意味着原子运动之间的耦合。由于对每一个原子都有一个类似的方程，n 共可取 N 个值，故该式实为 N 个方程组成的方程组，可有 N 个解，而此时晶体的自由度也为 N。

为了进一步理解方程（4-21），可以将晶体看作是连续介质，也就是假设晶格常数 a 是非常小的量，于是一维原子链便可看作是一个连续长杆，分立的量过渡为连续的量，方程（4-21）可转化为方程（4-22）：

$$\frac{d^2 U(x, t)}{dt^2} = v_0^2 \frac{d^2 U(x, t)}{dx^2} \qquad (4-22)$$

这就是大家所熟知的波动方程，由数学物理方法的知识，已知方程（4-22）有特解：

$$U(x, t) = Ae^{i(qx - \omega t)} \qquad (4-23)$$

它是一个简谐波，$q = 2\pi/\lambda$ 是波矢值，对波来说，波矢 q 是重要的物理量。从物理上讲，"连续"的含义是波长比原子间距大得多。如果 λ 与晶格常数 a 较接近，则晶体不能再看成是连续的，必须直接求解方程（4-21）。方程（4-21）有下面形式的试探解：

$$U(x, t) = Ae^{i(qna - \omega t)} \qquad (4-24)$$

与连续情况下的解式（4-23）比较，这里仅以 na 代替 x，当 n 取一确定的整数对应一个指定的原子时，式（4-24）表示了一个简谐振动，它也代表了一种全部原子都以同一频率 ω，同一振幅 A，相邻两原子振动相位差均为 qa 的集体运动模式。这是一个简谐行波，称它为一个格波。可见，一个格波是晶体中全体原子都参与的一种简单的集体运动形式。

实际的晶体总是有限的，对于一个有限的原子链，上面的解原则上不适用，因为有限原子链两端原子的振动方程与内部原子不一致。在近邻作用近似下，边界上的原子的运动状态基本上不影响体内绝大多数原子的运动状态。晶体的固有热学性质（例如热容量）应由晶体的大多数原子的状态所决定，因此晶体的热学特征近似地与边界条件的选择无关。玻

恩-卡曼(Born-Karman)提出周期性边界条件：假设一个包含 N 个原子的原子链，将它首尾相连，构成一个环，图 4-21 给出了它的一维示意图。如果 N 足够大，一个沿着半径极大的环传播的波，等价于一个在无限长原子链中传播的波。这里把有限晶体首尾相接，从而就保证了从晶体内任一点出发平移 Na 后必将返回原处，实际上也就避开了表面的特殊性，于是一维晶格振动的边界条件就可写成 $U_n = U_{n+N}$，联合方程(4-24)，可得到

$$e^{i(qna-\omega t)} = e^{i(q(n+N)a-\omega t)}$$

$$e^{iqNa} = 1$$

所以

$$q = \frac{2\pi}{Na}m \qquad\qquad (4-25)$$

其中，m 为整数，由式 (4-25)可得出格波波矢有如下特征：

（1）格波的波矢值 q 不连续；

（2）q 点的分布均匀，相邻 q 点的间距为 $2\pi/Na$；

（3）$\lambda = 2\pi/q = Na/m$。

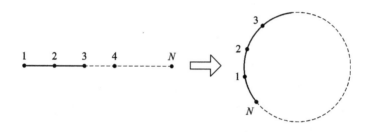

图 4-21　玻恩-卡曼(Born-Karman)边界条件

式(4-24)表示的是一个格波，它是简谐行波，又称为简正格波、简正模式。把式(4-24)代入式(4-21)，便可以将 ω 和 q 联系起来，称为格波的色散关系，图 4-22 表示的是一维单原子链晶格振动的色散关系曲线。

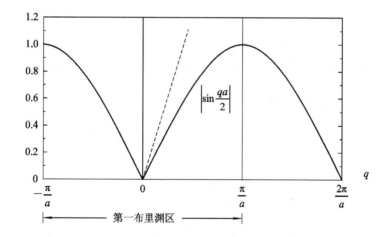

图 4-22　一维单原子链的色散关系

在长波近似下，即当 $a \ll \lambda$ 时，相应于当 $\lambda \to \infty$ 的情况，则有 $q = 2\pi/\lambda$，$q \to 0$。$\sin(qa/2) \approx qa/2$，色散关系退化为

$$\omega = cq \tag{4-26}$$

这正是连续介质中弹性波的色散关系，这种 ω 和 q 成线性函数关系的情况又称为无色散。

为了唯一确定描述同一种晶格振动的格波波矢，通常把它限制在一个周期范围内（即一个倒格子原胞范围内），为了对称起见，通常取在如图 4-22 所示的晶格的第一布里渊区范围内，即：

$$-\frac{\pi}{a} < q \leqslant \frac{\pi}{a} \tag{4-27}$$

而连续介质对波矢是没有限制的，这也是格波与连续介质中的波的主要区别之一。在格波中，格波频率 ω 是波矢 q 的周期函数，周期为 $2\pi/a$，正好为一维原子链的最短倒格矢，即格波频率具有倒格子周期性：

$$\omega(\boldsymbol{q}) = \omega(\boldsymbol{q} + \boldsymbol{G}_h) \tag{4-28}$$

其中 $\boldsymbol{G}_h$ 为倒格矢。式(4-28)表明色散曲线 $\omega(\boldsymbol{q})$ 具有倒格子平移对称性。

对一维单原子链而言，格波数即为在第一布里渊区中波矢 q 的取值数。在 q 空间，q 点均匀分布，相邻 q 点间的"距离"为 $2\pi/(Na)$，而 q 的取值范围是第一布里渊区，它的大小为 $2\pi/a$，所以允许的 q 取值总数为

$$\frac{2\pi/a}{2\pi/(Na)} = N \tag{4-29}$$

这里 N 是原子总数，对于布拉菲格子也就是初基原胞的总数。

因此，在一维单原子链情况下，每个 q 值对应一个 ω，一组 (ω, q) 对应一个格波，故共有 N 个格波。这 N 个格波的频率 ω 与波矢 q 的关系由一条色散曲线所概括，所以这 N 个格波构成一支格波。一维单原子链只有一支格波。

下面讨论一维双原子链的晶格振动，一维双原子链可以看作是最简单的复式晶格，如图 4-23 所示，设一维晶体由 N 个初基原胞组成，每个初基原胞有两个质量相等的原子，分别用 A 和 B 来表示。假设晶格常数为 a，原子 A 与其右侧 B 原子距离为 d，弹性系数为 β_2，与其左侧 B 原子距离为 $a-d$，弹性系数为 β_1，为确定起见，并设 $d < a-d$，$\beta_1 < \beta_2$。

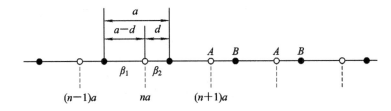

图 4-23　一维双原子链示意图

用与讨论一维单原子链类似的方法研究这个系统，可得 ω 和 q 之间的关系满足：

$$\omega^2 = \frac{\beta_1 + \beta_2}{m} \pm \frac{(\beta_1^2 + \beta_2^2 + 2\beta_1\beta_2\cos qa)^{1/2}}{m} \tag{4-30}$$

即一维双原子链的晶格振动有两支色散关系。

根据式(4-30)可画出如图 4-24 所示的色散曲线。色散曲线被分成了两支，当取"-"号时，ω 记为 ω_A，称为声学支(Acoustic Branch)格波；当取"+"号时，ω 记为 ω_O，称为光学支(Optical Branch)格波，声学支格波具有 $q=0$ 时，$\omega_A=0$ 的特征，而光学支格波具有 $q=0$ 时，$\omega_O \neq 0$ 的特征。

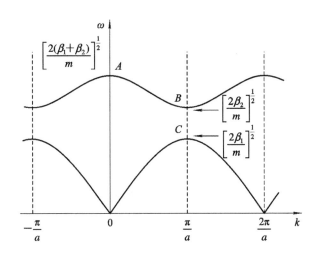

图 4-24 一维双原子链的色散关系曲线

用与一维单原子链类似的方法讨论式(4-30)，并且为了保证每支格波中 ω 与 q 之间的一一对应关系，仍限制 q 的取值范围在第一布里渊区，即

$$-\frac{\pi}{a} < q \leqslant \frac{\pi}{a} \tag{4-31}$$

利用周期性边界条件，同样可得允许的 q 值为

$$q = \frac{2\pi}{Na}m，m \text{ 取整数} \tag{4-32}$$

在第一布里渊区内，可取的 q 点数为

$$\frac{2\pi/a}{2\pi/(Na)} = N \tag{4-33}$$

每个 q 对应两个频率(ω_A 和 ω_O)，则共有 $2N$ 组(ω, q)，所以由 N 个初基原胞组成的一维双原子链，q 可以取 N 个不同的值，每个 q 值对应两个解，即有 $2N$ 个格波。晶体中任何一原子的运动均为这 $2N$ 个格波所确定的谐振动的线性叠加。这时，晶体的总自由度数也为 $2N$，因此可推广得到如下的结论：

允许的波矢数 = 晶体的初基原胞数

格波总数 = 晶体振动的总自由度数

此结论对三维晶体也是适用的。

$|q| \to 0$，$\lambda \to \infty$ 的长波近似在许多实际问题中具有特别重要的作用，光学波和声学波的命名也主要是因为它们在长波极限下的性质。在长波近似下，式(4-30)可以简化为

$$\omega_A = \left[\frac{\beta_1\beta_2}{2m(\beta_1 + \beta_2)}\right]^{1/2} qa \tag{4-34}$$

$$\omega_O = \left[\frac{2(\beta_1 + \beta_2)}{m}\right]^{1/2} \tag{4-35}$$

这表明在长波近似下，长声学支格波频率正比于 q，具有声波的线性色散关系 $\omega_A = v_0 q$，而且它的频率很低，可以用超声波来激发，故得此名。

光学支格波在 $q=0$ 的附近，ω_O 几乎与 q 无关，在 $q=0$ 处有极大值。长光学波在离子晶体中有特别重要的作用，因为不同离子间的相对振动产生一定的电偶极矩，从而可以和

电磁波相互作用，入射红外光波与离子晶体中长光学波的共振能够引起对入射波的强烈吸收，这是红外光谱学中一个重要的效应。正因为长光学格波的这种特点，称 ω_0 所对应的格波为光学波。

两支格波最重要的差别是它们分别描述了原子不同的运动状态，如图 4-25 所示，在长波极限情况下，声学支格波描述原胞内原子的同相运动，光学支格波描述原胞内原子的反相运动。

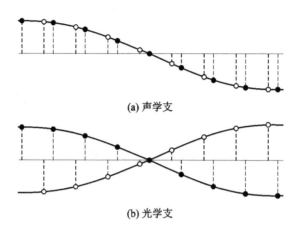

(a) 声学支

(b) 光学支

图 4-25　在长波极限下声学支格波和光学支格波相应原子的运动

现将其推广到三维的情况，可以采用与一维情况对比分析的方法从而得出三维晶体中晶格振动的一般规律。设实际三维晶体沿基矢 a_1、a_2、a_3 方向的初基原胞数分别为 N_1、N_2、N_3，即晶体由 $N=N_1 \cdot N_2 \cdot N_3$ 个初基原胞组成，每个初基原胞内含 5 个原子。

（1）原子振动方向：

一维情况下，波矢 q 和原子振动方向相同，所以只有纵波。

三维情况下，波矢 q 和原子振动方向可能不同，因此可以把原子的三维振动分解为与波矢 q 平行和垂直的三个分量，这样实际三维晶体中的格波有振动方向与波矢 q 平行的一种纵波和与波矢 q 垂直的两种横波。

（2）格波支数：

原则上讲，每支格波都描述了晶格中原子振动的一类运动形式。初基原胞有多少个自由度，晶格原子振动就有多少种可能的运动形式，就需要多少支格波来描述。

一维单原子链：初基原胞的自由度为 1，原子的运动就是原胞质心的运动，因此仅存在一支格波，且为声学支格波。

一维双原子链：初基原胞的自由度为 2，则存在两支格波，一支为声学波，另一支为光学波。定性地说，初基原胞质心的运动主要由声学支格波代表，初基原胞内两原子的相对运动主要由光学支格波代表。

一维 S 原子链：初基原胞的自由度为 S，就存在 S 支格波，其中有 1 支声学波，$S-1$ 支光学波。

三维晶体：若晶体由 N 个初基原胞组成，每个初基原胞内有 S 个原子，每个原子有 3 个自由度，初基原胞的总自由度数为 $3S$，则晶体中原子振动可能存在的运动形式就有 $3S$ 种，用 $3S$ 支格波来描述。其中在三维空间定性地描述原胞质心运动的格波应有 3 支，也就是说，应有 3 支为声学支格波，其余 3(S－1)支则为光学支格波。例如锗、硅晶体属于金刚石结构，每个初基原胞含两个原子，即 S＝2，它有 3 支声学支格波和 3 支光学支格波。图 4-26 为硅晶体的格波色散曲线，格波色散曲线也称为声子谱，图中 LA 、TA、LO、TO 分别表示纵声学波、横声学波、纵光学波和横光学波。

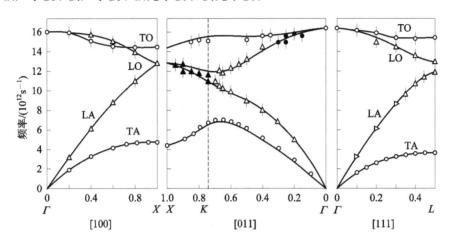

图 4-26 硅晶体的格波色散曲线

二、声子

Ⅱ. Phonon

在经典理论框架中，可以得到由 N 个原子组成的晶体的晶格，振动能量等于 N 个谐振子能量之和，若考虑其量子修正，对于频率为 ω 的谐振子，其能量为

$$E_n = \left(n+\frac{1}{2}\right)\hbar\omega, n = 0, 1, 2, \cdots \qquad (4-36)$$

这表明谐振子处于不连续的能量状态。当 n＝0 时，它处于基态，$E_0＝\hbar\omega/2$，称为零点振动能。相邻状态的能量差为 $\hbar\omega$，它是谐振子的能量量子，称它为声子，简言之，正如人们把电磁辐射的能量量子称为光子一样，声子就是指格波的能量量子。

三维晶体中的 $3NS$ 个格波与 $3NS$ 个量子谐振子一一对应，因此式(4-34)也是一个频率为 ω 的格波的能量。频率为 $\omega_i(\boldsymbol{q})$ 的格波被激发的程度，用该格波所具有的能量为 $\hbar\omega_i(\boldsymbol{q})$ 的声子数 n 的多少来表征。

根据以上结论，可以声子的"语言"重新描述晶格振动问题：晶格振动时产生了声子，声子的能量为 $\hbar\omega_i(\boldsymbol{q})$，$\omega_i(\boldsymbol{q})$ 是声子的频率。一个格波，也就是一种振动模，称为一种声子；当这种振动模处于 $\left(n+\frac{1}{2}\right)\hbar\omega$ 本征态时，称为有 n 个声子，n 为声子数。因此，三维晶体中有 3 支声学支格波，3(S－1)支光学支格波，共有 $3NS$ 个格波。对应有 3 支声学声子，3(S－1)支光学声子，共有 $3NS$ 种声子。在简谐近似下，各格波间是相互独立的，该系统也就是无相互作用的声子系统。如果考虑非简谐效应，那么声子和声子之间就存在相互作用。

用声子的"语言"来描述晶格的振动不仅可以使问题简化，而且具有深刻的理论意义，声子有如下特性：

（1）声子是玻色子。一个模式可以被多个相同的声子占据，ω 和 q 相同的声子不可区分且自旋为零，满足玻色统计。当除碰撞外，不考虑它们之间的相互作用时，则可视为近独立子系，与玻耳兹曼统计一致。

（2）声子是非定域的。对等温平衡态，格波是非定域的，声子属于格波，所以声子也是非定域的，它属于整个等温平衡的晶体。

（3）声子是一种准粒子，粒子数不守恒。温度升高，晶格振动加剧，振动能量增加，用声子来表述就是声子频率 ω 和声子数 n 增加，系统的声子数随温度而变化。

（4）遵守能量守恒和准动量选择定则。声子不具有通常意义下的动量，常把 $\hbar q$ 称为声子的准动量。声子与声子，声子与其他粒子、准粒子的相互作用满足能量守恒。

在确定的温度 T 的平衡状态下，声子有确定的分布，频率为 ω 的格波被激发的程度用其具有的声子数来表示。若晶体处于非平衡态，在不同的温度区域，相同 ω 的格波具有不同的声子数。与气体分子的扩散类似，通过声子间的相互碰撞，高密度区的声子向低密度区扩散，声子的扩散同时伴随着热量的传导。

课后思考题
Exercises After Class

1. 什么是格波？什么是声子？声子具有哪些特性？

_____

_____

_____

2. 请简述晶格振动在不同维度下如何确定其声学支、光学支格波数量。

_____

_____

_____

_____

学习单元四　晶体缺陷
Study Unit Ⅳ　Crystal Defect

点缺陷

在晶体结构中，讲到晶体中的原子是按照一定的规律排列的，形成具有完美周期性结构的晶体：即组成晶体的所有原子或离子都严格地处在规则的格点上，没有晶格空位，也没有间隙原子或离子。这只是一种理想模型，而实际的晶体在形成时，常常遇到一些不可避免的干扰，造成实际晶体与理想晶体的一些差异。如：处于晶体表面的原子或离子与体内的差异；晶体在形成时，常常是许多部位同时成核生长，结果形成的不是单晶而是许多细小晶粒按不规则排列组合起来的多晶体；在外界因素的作用下，原子或离子脱离平衡位置和杂质原子的引入等。我们把这些对理想周期性结构的偏离称为缺陷。

缺陷的种类有很多，按缺陷在空间的几何构型和涉及的范围可将缺陷分为点缺陷、线缺陷、面缺陷等，它们分别取决于缺陷的延伸范围是零维、一维、二维还是多维来近似描述。晶体内部存在着的每一类缺陷都会对晶体的各种性质产生十分重要的作用，特别是一般晶体中存在的微观缺陷可以决定性地影响晶体的基本性质。例如点缺陷会影响晶体的电学、光学和机械性能，线缺陷会严重影响晶体的强度、电性能等。

一、点缺陷

Ⅰ. Point Defect

点缺陷是晶体由于热运动，在一个或几个原子尺寸范围的微观区域内，以空位、间隙原子、杂质原子为中心，晶格结构偏离严格周期性而形成的畸变。点缺陷是晶体中最简单、最常见也是一定存在的一种缺陷。

典型的点缺陷有以下几种：

1. 费伦克尔(Frenkel)缺陷

如果晶体内部格点上的原子或离子移到晶格间隙位置形成间隙原子，同时在原来的格点位置上留下空位，那么晶体中将存在等浓度的晶格空位和填隙原子，如图 4-27(a)所示，这种空位-间隙原子对称为费伦克尔缺陷。

2. 肖特基(Schottky)缺陷

晶体中存在着晶格空位，这种空位是晶体内部格点上的原子或离子通过接力运动移到表面格点位置后在晶体内所留下的空位，如图 4-27(b)所示，这种晶体空位称为肖特基缺陷。

晶体中肖特基缺陷产生的方式可以是不同的。晶体邻近表面的原子可以由于热涨落跳到表面，从而产生一个空位，附近原子跳到这个空位上，就又产生一个新空位，这样空位可以逐步跳跃到晶体内部。也可能由于热涨落晶体内部原子脱离格点，产生一个空位，这个原子可以经过多次跳跃，而跑到晶体表面的正常格点位置上，在晶体内形成空位。

与肖特基缺陷相对应的，还有一种反肖特基缺陷，也称为间隙原子缺陷。它是晶体的表面原子通过接力运动移到晶体的间隙位置，如图 4-27(c)所示。形成反肖特基缺陷需要更大的能量，所以除小半径杂质原子外，一般不易单独形成此种缺陷。

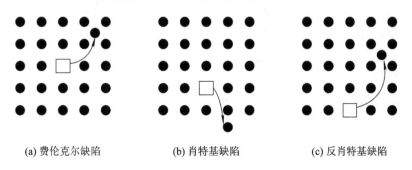

(a) 费伦克尔缺陷　　　　(b) 肖特基缺陷　　　　(c) 反肖特基缺陷

图 4-27　点缺陷

以上几种缺陷都可以由热运动的涨落产生，所以也称为热缺陷。由于热运动的随机性，缺陷也可能消失，称为复合。在一定温度下，缺陷的产生与复合过程相互平衡，缺陷将保持一定的平衡浓度。

3. 杂质原子

实际晶体中总是存在某些微量杂质。杂质的来源一方面是在晶体生长过程中引入的，如氧、氮、碳等，这些是实际晶体不可避免的杂质缺陷，只能控制相对含量的大小；另一方面，为了改善晶体的电学、光学等性质，人们往往有控制地向晶体中掺入少量杂质。例如在单晶硅中掺入微量的硼、铝、镓、铟或磷、砷、锑等都可以使其导电性发生很大变化。

杂质原子在晶体中的占据方式有两种：一种是杂质原子占据基质原子的位置，称为替位式杂质缺陷；一种是杂质原子进入晶格原子间的间隙位置，称为填隙式杂质缺陷。图4-28 表示硅晶体中填隙式杂质和替位式杂质的示意图，图中 A 为间隙式杂质，B 为替位式杂质。对于一定的晶体而言，杂质原子是形成替位式杂质还是形成间隙式杂质，主要取决于杂质原子与基质原子几何尺寸的相对大小及其电负性。在硅晶体生长铸锭过程中，常常会由于各种原因无意地引入电活性或非电活性的杂质，这些杂质或者它们所造成的二次缺陷对硅材料和器件的性能有破坏作用。一

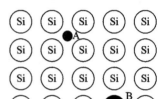

图 4-28　硅晶体的间隙式杂质和替位式杂质

般在硅晶体中无意引入的杂质可分为两大类，一类是轻元素杂质，包括氧、碳、氮和氢杂质；另一类是金属杂质，主要是指铁、铜和镍等 3d 轨道上的过渡金属。这些杂质由不同的途径进入硅晶体，对它的机械和电学性能也有不同的影响。

二、线缺陷
Ⅱ. Line Defect

当晶体内部沿某条线周围的原子排列偏离了晶格的周期性时，所产生的缺陷就称为线缺陷。位错是晶体结构中的一种一维线缺陷。位错通常是在晶体生长的时候或受外界相当大的机械力的作用而产生的，利用特制的化学腐蚀剂腐蚀晶体的表面，就能观察到位错。虽然最初位错的概念是为了说明机械强度提出的，但是后人们发现，它对晶体的力学、电学、光学等方面的性质以及晶体的生长和杂质缺陷的扩散等都有重大的影响。一般位错的几何形状很复杂，最简单、最基本的两种称为刃型位错及螺型位错。

三、面缺陷
Ⅲ. Plane Defect

晶体内偏离周期性点阵结构的二维缺陷称为面缺陷，主要有层错、晶粒间界、小角晶界、相界等。

1. 层错

层错是密堆积结构中晶面排列顺序的差错所产生的缺陷，又称堆垛层错。堆垛层错的

出现使晶体中正常堆垛顺序遭到破坏，在局部区域形成了反常顺序，不过它并不影响其他区域的原子层堆垛顺序。层错的引入会导致材料局部晶体结构的改变，影响其性能。除密堆积结构外，层错也常常发生在外延生长的硅单晶体上，当硅单晶片经过 900～1200℃ 热氧化过程后，经常可发现表面出现层错，如图 4-29 所示。

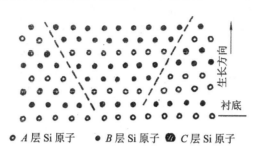

● A 层 Si 原子　　● B 层 Si 原子　◐ C 层 Si 原子

图 4-29 Si 晶体层错形成和传播示意图

2. 晶粒间界

固体从蒸汽、溶液或熔体中结晶出来时，只有在一定条件下，才能形成单晶，而实际用的固体材料大多数属于多晶体。多晶是由许多小晶粒组成的。例如，在硅晶体生长铸锭过程中，晶核长成晶面取向不同的晶粒，晶粒间存在晶粒间界，这些晶粒结合起来，就结晶成多晶硅。这些小晶粒本身可以近似看作单晶，且在多晶体内做杂乱排列。多晶体中晶粒与晶粒的交界区域称为晶粒间界。晶粒间界的实验结构模型如图 4-30 所示，晶界区含有不属于任何晶粒的原子 A，也含有同属于两个晶粒的原子 D；既含有晶格受压缩的区域 B，也含有晶格疏松的区域 C 和晶格基本不变的区域 D。无论哪种晶界模型，晶界上的原子都处于畸变状态，具有较高的能量，而且具有非晶态特性。因此杂质原子倾向于在晶界上偏聚和析出。化学腐蚀或蚀刻现象也首先在晶界上发生，原子也较容易沿着结构较疏松的晶粒间界扩散，且在间界内容易产生新固相。材料中晶界的性质直接影响到材料的力学性质。在硅材料的制作过程中，单晶硅和多晶硅的主要差异就是多晶硅存在晶粒间界。具体差异可见图 4-31，多晶硅与单晶硅的差异主要表现在力学和电学性质方面。

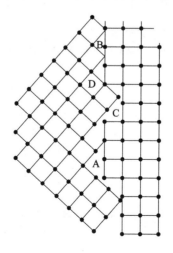

图 4-30 接近于实验结果的晶界结构模型

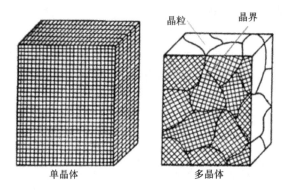

图 4-31　单晶硅与多晶硅的差异示意图

课后思考题
Exercises After Class

1. 单晶硅与多晶硅的区别是什么？

_____

_____

_____

2. 硅晶体可能存在哪些点缺陷？

_____

_____

_____

_____

专业体验
Professional Experiences

单晶硅与多晶硅的区别
Difference between Monocrystalline Silicon and Polycrystalline Silicon

专业体验

　　在老师的带领下，取出一张单晶硅电池片和一张多晶硅电池片进行比较判断，首先是宏观的差异，单晶硅电池片的倒角比较大。而后仔细观察可以发现多晶硅存在很多细纹。分析原因为单晶硅是硅的单晶体，晶核长成晶面取向相同的、晶粒具有基本完整的点阵结构的晶体，所以其基本是完美无瑕的，不会出现色差和细纹。多晶硅是晶核长成晶面取向不同的晶粒，晶粒间存在晶粒间界，则这些晶粒结合起来，就结晶成多晶硅，表面存在色差和细纹。

中国固体和半导体物理学奠基人——黄昆
Founder of Solid and Semiconductor Physics in China—Huang Kun

　　黄昆是世界著名物理学家、中国固体和半导体物理学奠基人之一。黄昆主要从事固体物理理论、半导体物理学等方面的研究。他提出了稀固溶体的 X 光漫散射理论和晶体光学振动的唯象方程；提出并发展了"黄-佩卡尔理论"；提出了"黄-朱模型"。与玻恩合著的《晶格动力学理论》，曾先后荣获 1995 年度何梁何利基金科学与技术成就奖和 2001 年度国家最高科学技术奖。请学生通过阅读以下文献资料，了解黄昆老先生对专业所做出的贡献：

[1]　梁伟，李菡丹，王碧清. 黄昆 灰烬中腾飞的物理学巨人[J]. 中华儿女，2018(03)：47.

[2]　厚宇德，马青青. 黄昆的创新思想与科学贡献[J]. 大学物理，2017，36(11)：45 - 49.

[3]　张方方. 留白大师——记中国固体和半导体物理学奠基者、著名物理学家黄昆[J]. 科学中国人，2017(19)：20 - 25.

[4]　姚蜀平. 黄昆夫妇印象记 院史札记之二[J]. 科学文化评论，2017，14(03)：95 - 114.

[5]　厚宇德. 从《晶格动力学理论》的诞生看玻恩与黄昆的合作[J]. 自然科学史研究，2017，36(01)：86 - 97.

模块知识点复习
Review of Module Knowledge Points

本章需掌握的知识点有：晶体的性质，晶体结构；晶向指数，晶面指数；倒格子基矢的定义；离子性结合、共价性结合、金属性结合、范德瓦尔斯力和氢键结合；共价结合两个基本的特性，饱和性和方向性；硅的轨道杂化；格波、声子；点缺陷、线缺陷、面缺陷。

模块测试题
Module Test

一、填空题

1. 按结构划分，晶体可分为_____大晶系，共_____种布拉菲格子。

2. 硅晶体的结合类型是典型的_____晶体，它有_____支格波。

3. 共价结合的主要特点为_____。

4. 声子是_____，其能量为_____，动量为_____。

5. 在三维晶体中，对一定的波矢 q，有_____支声学波，_____支光学波。

二、判断题

1. 各向异性是晶体的基本特性之一。　　　　　　　　　　　　　　　　（　　）

2. 晶胞既能反映晶格的周期性，也能反映其对称性。　　　　　　　　　（　　）

3. 空位、小角晶界、晶粒间界、层错都是晶体中的线缺陷。　　　　　　（　　）

4. 多晶硅由许多具有不同晶向的小晶粒组成，晶粒之间存在晶粒间界。　（　　）

三、选择题

1. 晶体结构的基本特性是（　　）。

A. 各向异性　　　　B. 周期性　　　　C. 自范性　　　　D. 同一性

2. 表征晶格周期性的概念是（　　）。

A. 原胞或布拉菲格子　　　　　　　B. 原胞或单胞

C. 单胞或布拉菲格子　　　　　　　D. 原胞和基元

3. 晶格常数为 a 的一维单原子链，倒格子基矢的大小为（　　）。

A. a　　　　　B. $2a$　　　　　C. π/a　　　　　D. $\pi/2a$

4. 晶体中的点缺陷不包括（　　）。

A. 肖特基缺陷　　　　　　　　　　B. 费伦克尔缺陷

C. 自填隙原子　　　　　　　　　　D. 层错

四、简答题

1. 定性地讲，声学波和光学波分别描述了晶体原子的什么振动状态？

2. 倒格子基矢是如何定义的？正、倒格子之间有哪些关系？

3. 晶体有哪几种结合类型？哪一种或哪几种结合最可能形成绝缘体、导体和半导体？

4. 简述晶体中的缺陷类型。

模块五　能带理论
Module Ⅴ　Theory of Energy Band

模块引入
Introduction of Module

　　能带理论目前是研究固体中的电子状态及其运动规律，说明固体性质的一个重要的理论。能带理论最初的成就在于成功地解释了金属的电导、热导等问题。20世纪初，量子力学确立以后，能带理论发展成为用量子力学的方法研究固体内部电子运动的理论。它成功地阐明了晶体中电子运动的特点，比如固体为什么会有导体、非导体的区别等问题，提供了分析半导体理论问题的基础，有力地推动了半导体技术的发展。

　　能带理论的具体计算方法有自由电子近似法、紧束缚近似法等。适用能带理论的基本近似有绝热近似和单电子近似。绝热近似，即在处理固体中电子的运动时，由于原子实的质量约是电子质量的 10^5 倍，所以原子实的运动要比价电子的运动缓慢得多，于是可以忽略原子实的运动，假定原子实固定不动，把多体问题简化为多电子问题。单电子近似，即用一个平均场来描述电子之间复杂的相互作用，亦即原子实势场中的 n 个电子之间存在相互作用，晶体中的任一电子都可视为是处在原子实周期势场和其他$(n-1)$个电子所产生的平均势场中的电子，也就是把多电子问题简化为单电子问题。

学习单元一　固体中电子的共有化运动和能带
　Electronic Common Movement and Energy Band in Solid

　　能带理论的出发点是固体中的电子不再束缚于个别的原子，而在整个固体内运动，即共有化电子。在讨论共有化电子的运动状态时，假定原子实处在其平衡位置，而把原子实偏离平衡位置的影响看成是微扰。对于理想晶体，原子规则排列成晶格，晶格具有周期性，这将导致电子处于周期性势场之中，从而也对电子态起到决定性的作用，其结果是电子的能量可以用一系列能带来表示。每一个能带中，电子的能量和电子波矢具有确定的关系，称为能带结构。

　　具体而言，由于晶体结构具有周期性，晶体中的每个价电子都处在一个完全相同的严格周期性势场之内。于是求解晶体中电子的能量状态的问题就归结为这样一个周期性势场内的单电子薛定谔方程的问题，因此，能带理论亦可称为固体中的单电子理论。

一、电子的共有化运动

Ⅰ. Electronic Common Movement

根据之前的物理学知识，原子中的电子在原子核的势场和其他电子的作用下，分列在不同的能级上，形成电子壳层，不同支壳层的电子分别用 1s；2s，2p；3s，3p，3d 等符号表示，每一支壳层对应于确定的能量。但当原子形成晶体结构时，不同原子的内外各电子壳层之间就有了一定程度的交叠，最外壳层交叠最多，内壳层交叠较少，组成晶体后，由于电子壳层的交叠，电子不再完全局限在某一个原子上，可以由一个原子转移到相邻的原子上去，因而电子可以在整个晶体中运动。这种运动称为电子的共有化运动。

各原子中相似壳层上的电子才有相同的能级，电子只能在相似壳层间转移，因此共有化运动的产生是由于不同原子的相似壳层间的交叠，例如 2p 支壳层的交叠，3s 支壳层的交叠。也可以说，结合成晶体后，每一个原子能引起"与之相应"的共有化运动，例如 3s 能级引起"3s"的共有化运动，2p 能级引起"2p"的共有化运动等。内外壳层交叠程度很不相同，只有最外层电子的共有化运动才显著。

孤立原子中电子的定态薛定谔方程为

$$\nabla^2 \Psi^{at}(\boldsymbol{r}) + \frac{2m}{\hbar^2}[E^{at} - V^{at}(\boldsymbol{r})]\Psi^{at}(\boldsymbol{r}) = 0 \qquad (5-1)$$

其中，$V^{at}(\boldsymbol{r})$ 为孤立原子中电子的势能函数。这个方程的解是孤立原子中电子的能量 E^{at} 和波函数 Ψ^{at}。

晶体中的单电子定态薛定谔方程为

$$\nabla^2 \Psi(\boldsymbol{r}) + \frac{2m}{\hbar^2}[E - V(\boldsymbol{r})]\Psi(\boldsymbol{r}) = 0 \qquad (5-2)$$

其中，$V(\boldsymbol{r})$ 为晶体中电子的势能函数，满足 $V(\boldsymbol{r}) = V(\boldsymbol{r} + \boldsymbol{R}_n)$，它具有晶体的周期性，$\boldsymbol{R}_n$ 为任意晶格矢量。求解方程(5-2)的关键是对势能函数 $V(\boldsymbol{r})$ 的正确认识和设定：

对导体，假设 $V = V_0 + \delta V$，V_0 是真空中自由电子势能，δV 是晶体周期微扰势。

对绝缘体，假定 $V = V^{at} + \delta V$。

仍先考虑绝缘体，式(5-2)的零级近似能量就是孤立原子中电子的能量：

$$E_0 = E^{at}$$

两者的差别只在于：E^{at} 是单一的，而在 N 个原子组成的晶体中，每一个原子都有一个这样的能级，共有 N 个，所以是 N 重简并的。而在考虑到 δV 之后，这种简并消除了，从而孤立原子中的一个能级 E^{at} 分裂成 N 个能级组成固体的一个能带。因 N 很大，在能带内相邻能级之间的距离十分小，约为 10^{-28} eV 数量级，所以带内能级分布是准连续的。

二、能带

Ⅱ. Energy Band

孤立原子的能级和固体的能带有以下三种情况：

1. 能级和能带一一对应

图 5-1 把孤立原子的能级与晶体的能带联系在一起，形象地说明了能带的形成过程。图 5-1 右边为孤立原子中的电子分布在许多层轨道上，每层轨道对应确定的能级。当许多原子相互接近形成晶体时，不同原子的电子轨道（尤其是最外层电子轨道）相互交叠。这样电子就不再局限于某一个原子而是在整个晶体中作共有化运动。外层电子的共有化运动显著，表现为能带较宽，内层电子轨道重叠的少，能带就较窄（见图 5-1 的中部）。图 5-1 左边为简约布里渊区的 $E(k)$ 关系曲线。

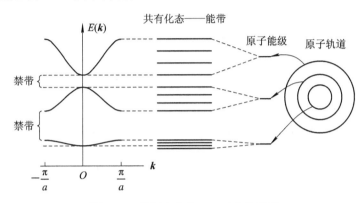

图 5-1　能级和能带一一对应的情况

2. 能带交叠

如图 5-2 所示，钠的外层价电子是 3s 态，钠原子的 3s 能级随着原子间距的减少，能级将扩展成 3s 能带，这个能带是半满的。图中还画出了它上面的 3p、4s 及 3d 带。在钠原子中，这些能级都是空的。随着原子间距的减小，能带变宽。在平衡原子间距 r_e 处，各能带已明显地交叠。

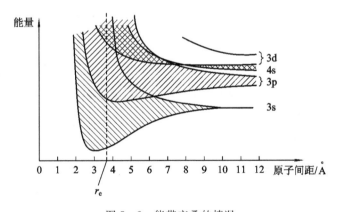

图 5-2　能带交叠的情况

3. 先交叠再分裂

如图 5-3 所示，金刚石结构的 Ⅳ 族元素晶体，如 Ge、Si、α-Si 等，s 带和 p 带交叠 sp³ 杂化后又分裂成两个带，这两个带由禁带隔开。下面的一个带称为价带，对应成键态，每个原子中的 4 个杂化价电子形成共价键；上面的一个带称为导带，在绝对零度时，它是空的，没有电子填充。

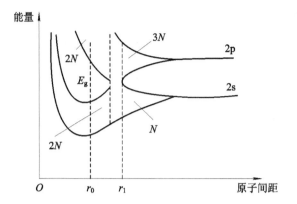

图 5-3 能带先交叠后又分裂的情况

在金属中的电子可视为是自由的，由此得出的结果虽然可以解释金属的电导、热导及电子的热容等实验结果，但它不能解释固体为什么存在导体、半导体和绝缘体的差异。实际上，晶体中的每个电子都受到组成晶体的原子核及核外其他电子的作用。由于晶体结构的周期性，我们可以认为，每个价电子均处在周期性势场中，电子势能函数 $V(r)$ 与晶体结构的周期性相同：

$$V(r) = V(r + R_n)$$

R_n 为任意晶格矢量。

布洛赫定理指出，晶体中的电子波函数是按照晶格周期性进行的调幅平面波。即在周期性势场中，薛定谔方程的解具有如下形式：

$$\psi(k, r) = U(k, r)e^{-ik \cdot r} \tag{5-3}$$

其中，$U(k, r)$ 与势场 $V(r)$ 具有相同的周期性：

$$U(k, r) = U(k, r + R_n) \tag{5-4}$$

晶体中电子的状态满足布洛赫定理，晶体中的电子波称为布洛赫波，晶体中的电子称为布洛赫电子。

课后思考题
Exercises After Class

1. 什么是电子的共有化？

_____

_____

_____

_____

2. 固体中电子状态的主要特征有哪些？

_____

_____

_____

_____

学习单元二　自由电子近似
Study Unit II Free Electron Approximation

晶体中存在大量运动的电子，如果电子间的相互作用可以忽略，就可以得到独立电子模型，在此模型中，电子只感受到周期性的势场。

一、经典自由电子气模型
I. Classical Free Electron Gas Model

德鲁德于 1900 年提出自由电子气模型。他认为金属中的价电子像气体分子那样组成电子气体，在温度为 T 的晶体内，其行为宛如理想气体中的粒子；它们可以和离子碰撞，在一定温度下达到平衡；在外电场的作用下，电子产生漂移运动引起了电流；在温度场中，由于电子气的流动伴随着能量传递，因而金属是极好的导电体和导热体。

1904 年，洛仑兹对德鲁德的自由电子气模型作了改进，认为电子气服从麦克斯韦-玻耳兹曼统计分布规律，据此就可用经典力学定律对金属自由电子气模型作出定量计算。这样就构成了德鲁德-洛仑兹自由电子气理论，又称为经典自由电子论。

德鲁德等认为，当金属原子凝聚在一起时，原子封闭壳层内的电子（内部电子或芯电子）和原子核一起在金属中构成不可移动的离子实，原子封闭壳层外的电子（价电子）会脱离离子实的束缚而在金属中自由地运动。这些电子构成自由电子气系统，可以用理想气体的运动学理论进行处理。该模型由如下假设构成：

（1）独立电子近似：忽略电子与电子之间的库仑排斥相互作用。

（2）自由电子近似：在没有发生碰撞时，电子与电子、电子与离子之间的相互作用完全被忽略。由于金属中的电子是自由电子，因此电子的能量只是动能。

（3）弹性碰撞近似：电子只与离子实发生弹性碰撞，一个电子与离子两次碰撞之间的平均时间间隔称为弛豫时间 t，相应的平均位移叫作平均自由程 l。

（4）电子气服从麦克斯韦-玻耳兹曼统计分布：电子气通过和离子实的碰撞达到热平衡，碰撞前后电子速度毫无关联，运动方向是随机的，速度是和碰撞发生处的温度相适应的，其热平衡分布遵从麦克斯韦-玻耳兹曼统计。

经典自由电子论认为，在无外电场的情况下，金属中的每个电子作无规则的热运动，同时不断地与离子实发生碰撞。由于电子与离子实碰撞后的运动方向是随机和杂乱无章的，因此金属中不存在电流。

若将金属置于外电场 E 中，金属中的自由电子就会在外电场作用下，不断沿电场方向加速运动，同时也不断地受到离子实的碰撞而改变运动方向，结果电子只能在原有的平均热运动速度的基础上沿电场方向获得一个额外的附加平均速度 v（漂移速度）。这时，作用在每个电子上的力除电场力（$-eE$）外，还有由于碰撞机制所产生的平均阻力 $-(mv/\tau)$，其中，e、m 分别是电子的电量与质量，τ 是电子两次碰撞之间的平均自由时间。根据牛顿定律，有

$$m\frac{\mathrm{d}v}{\mathrm{d}t} = -eE - \frac{mv}{\tau} \tag{5-5}$$

在稳定条件下，电子的平均速度不随时间变化，即 $dv/dt=0$，则由式(5-5)可得

$$v = \frac{-e\tau}{m}E \qquad (5-6)$$

若金属中单位体积内的自由电子数为 n（电子浓度），则电流密度 j 可写为

$$j = -nev = \frac{e^2n\tau}{m}E = \frac{e^2n\bar{l}}{mv}E = \sigma E \qquad (5-7)$$

显而易见，式(5-7)就是欧姆定律的微分形式，说明在直流电导问题上，经典自由电子论所得结果与欧姆定律相吻合，其中

$$\sigma = \frac{e^2n\bar{l}}{mv} \qquad (5-8)$$

为金属的电导率，它与金属中自由电子的浓度、平均自由程和平均漂移速度有关。当温度升高时，电子热运动速度增大，与晶格点阵碰撞频繁，平均自由程缩短，因此电导率下降，电阻增大，这便是金属电阻随温度变化的经典解释。

经典自由电子论取得了较大的成功，它可以很好地解释金属的电导、热导等问题。但这一理论受限于当时科学水平，对电子的费米属性尚无认识，因此对电子运动的速度分布只能采用经典统计，从而导致在推导电子气比热等方面得出了与实验不相符合的结果。实际上，电子是一种微观粒子，它是不遵从经典力学理论的。从这一点上说，经典自由电子理论本身包含了致命的缺点，电子的运动应该遵守量子力学规律。

尽管如此，但德鲁德模型简洁，比较形象和直观，易于构思物理图像并作出初步估算，例如电子的弛豫时间、平均自由程等概念，经过一定的修改，尚可用来定性描述金属中电子的运动。

二、索末菲自由电子气模型
Ⅱ. Sommerfeld Free Electron Gas Model

在量子力学和量子统计理论建立后不久，索末菲提出了量子自由电子论，也叫索末菲自由电子气模型。他用该模型重新计算了金属自由电子气的热容，得到了与实验值相符的结果，解决了经典理论的困难。

该模型假定金属中的价电子（自由电子）所组成的气体好比理想气体，电子之间没有相互作用，各自独立地在势能等于平均势能的场中运动。由于电子具有自旋特性，要受泡利不相容原理的制约，即每个能级最多只能容纳自旋相反的两个电子。因此金属中的自由电子气是一种量子气体，应该用最新发展的量子理论来研究。如果取金属中的平均势能为能量零点，那么要使金属中的自由电子逸出，就必须对它做相当的功。所以，金属中每个价电子的能量状态就是在一定深度的势阱中运动的粒子所具有的能量状态。也就是说，自由电子气体不具有连续的能量，其能量分布应该服从费米-狄拉克统计规律，而不是遵循经典统计物理中的麦克斯韦-玻耳兹曼统计。这样，构成索末菲自由电子气模型的基本假设是：

（1）独立电子近似；

（2）自由电子近似；

（3）弹性碰撞近似；

（4）电子是费米子，电子气服从费米-狄拉克统计规律。

可以发现，在索末菲模型与德鲁德模型的基本假设中，前面 3 条都相同，唯一的差别就是第 4 条假设，即索末菲认为金属中的自由电子气是一种量子气体，其分布遵循费米-狄拉克统计规律。正是这一假设的引入，解决了经典自由电子气模型所遇到的困难。

根据索末菲模型，金属中的价电子为自由电子，彼此之间没有相互作用，各自独立地在离子实和其他电子建立的平均势场中运动。根据量子力学相关理论，可以得到电子相应的能量为

$$E = \frac{\hbar^2 k^2}{2m} = \frac{\hbar^2}{2m}(k_x^2 + k_y^2 + k_z^2)$$
$$= \frac{\hbar^2}{2m}\left(\frac{2\pi}{L}\right)^2 (n_x^2 + n_y^2 + n_z^2) \tag{5-9}$$

且 k_x、k_y、k_z 满足：

$$k_x = \frac{2\pi}{L}n_x, \quad k_y = \frac{2\pi}{L}n_y, \quad k_z = \frac{2\pi}{L}n_z \tag{5-10}$$

其中，n_x、n_y、n_z 是整数，称为量子数。可以看出，边界条件提供的是一系列有选择的波矢值 k，所以也只有这些值 k 相对应的能量值（本征值）及波函数（本征函数）才是薛定谔方程的解。

式(5-9)说明：金属中自由电子的能量依赖于一组量子数(n_x, n_y, n_z)，能量只能是一系列分离的数值，这些分离的能量称为能级。

根据式(5-9)可以给出自由电子能级体系准连续分布，但仅考虑其中的某一个能级意义不大。为了说明电子能量的分布情况，引入电子态密度函数的概念，它表示在能级 E 附近单位能量间隔范围内的电子态总数。假如在能量 $E\sim E+\Delta E$ 范围内的电子态数目为 Δz，则态密度函数 $g(E)$ 定义为

$$g(E) = \lim_{\Delta E \to 0} \frac{\Delta z}{\Delta E} = \frac{\mathrm{d}z}{\mathrm{d}E} \tag{5-11}$$

根据电子态数目 $z(E)$ 的表达式

$$z(E) = \frac{4}{3}\pi k^3 \times \frac{V_e}{4\pi^3} = \frac{V_e}{3\pi^2}\left(\frac{2mE}{\hbar^2}\right)^{3/2}$$

可以得到自由电子的态密度函数 $g(E)$ 为

$$g(E) = \frac{\mathrm{d}z(E)}{\mathrm{d}E} = \frac{V_e}{2\pi^2}\left(\frac{2m}{\hbar^2}\right)^{3/2} E^{1/2} \tag{5-12}$$

自由电子的态密度函数 $g(E)-E$ 曲线如图 5-4 所示，它是一条抛物线。图中的阴影部分表示在能量 $E\sim E+\Delta E$ 之间的电子态数目，即

$$\Delta z(E) = g(E) \cdot \Delta E \tag{5-13}$$

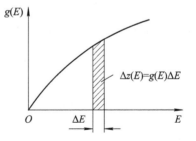

图 5-4　自由电子的电子态密度函数

三、费米分布函数与费米能级
Ⅲ. Fermi Distribution Function and Fermi Level

电子态密度确定之后，下一个问题就是在一定温度时电子是如何占据这些电子态的。索末菲首先提出自由电子的分布应服从费米-狄拉克统计，换句话说，在热平衡条件下，电

子占据能量为 E 的电子态上的概率为

$$f(E,\ T) = \frac{1}{e^{(E-E_F)/k_B T} + 1} \tag{5-14}$$

这就是所谓的费米-狄拉克分布，也常被称为费米分布函数。其中 E_F 具有能量的量纲，称为费米能或化学势，与温度等状态参量有关，其物理意义为在体积保持不变的条件下，系统增加一个粒子所需的自由能。

根据泡利不相容原理，一个量子态最多只能被一个电子所占据，所以电子的费米分布函数反映了能量为 E 的每一个量子态被电子所占据的平均概率。

将 $f(E,\ T)$ 乘以能量为 E 的电子态密度函数 $g(E)$，就得到电子密度分布：

$$N(E,\ T) = f(E,\ T) \cdot g(E) \tag{5-15}$$

它表示在温度 T 时，分布在能量 E 附近单位能量间隔内的电子数目。显然，在 $E \sim E + \Delta E$ 范围内的电子数为

$$dN = N(E,\ T)dE = f(E,\ T) \cdot g(E)dE \tag{5-16}$$

故系统中电子的总数为

$$N = \int_0^\infty N(E,\ T)dE = \int_0^\infty f(E,\ T) \cdot g(E)dE \tag{5-17}$$

在绝对零度，即 $T = 0\ \text{K}$ 时的费米能用 E_F^0 来表示。很容易由式(5-14)得出这时的费米函数分布为

$$f(E,\ 0) = \begin{cases} 1, & E \leqslant E_F^0 \\ 0, & E > E_F^0 \end{cases} \tag{5-18}$$

即在温度趋近于热力学绝对零度时，费米-狄拉克分布为一阶梯分布，如图 5-5 中曲线 1 所示。

根据式 (5-18) 可以看出，在热力学绝对零度，能量在零温费米能 E_F^0 以下的所有量子状态全部被电子所占满，能量高于 E_F^0 的量子状态全部处于空态。所以，零温费米能 E_F^0 就是基态中电子具有的最高能量，也就是说，E_F^0 是绝对零度时电子填充的最高能级，所以说，热力学绝对零度的费米能是全空态与全满态的分界线。

在热力学绝对零度，能量低于 E_F^0 的所有状态全部被电子所占据，而能量高于 E_F^0 的所有量子态都没有电子。显而易见，N 个电子恰好占满 E_F^0 以下所有的能量状态，由式(5-12)和式(5-18)可得

$$N = \frac{V_e}{3\pi^2} \left(\frac{2m}{\hbar^2}\right)^{3/2} (E_F^0)^{3/2} \tag{5-19}$$

或

$$E_F^0 = \frac{\hbar^2}{2m}(3n_e\pi^2)^{2/3} \tag{5-20}$$

式中，$n_e = \dfrac{N}{V_E}$ 为电子浓度。一般金属中的电子浓度为 $10^{28}/\text{m}^3$ 量级，则 E_F^0 为几个到十几个电子伏特。

同时容易求得热力学绝对零度时电子系统中每个电子的平均能量为

$$\bar{E}_0 = \frac{1}{N}\int_0^\infty EdN = \frac{1}{N}\int_0^{E_F^0} Eg(E)dE = \frac{3}{5}E_F^0 \tag{5-21}$$

这表明，即使在绝对零度，电子仍有相当大的平均能量或动能。这与经典理论的结果是截然不同的。根据经典理论，电子的平均动能为 $\frac{3}{2}k_B T$，当 $T=0$ K 时，平均动能为零。但是根据量子理论，电子必须遵从泡利不相容原理，因此在绝对零度时不可能所有的电子都填在最低的能量处，因为平均能量不为零。

当温度比热力学绝对零度稍高时，费米分布函数如图 5-5 中曲线 2 所示。当 $T>0$ K 时，自由电子受到热激发产生跃迁，但由于温度较低(热激发能量 $k_B T$ 不高)，只有能量在 E_F^0 附近 $k_B T$ 范围内的电子可以吸收能量，从 E_F^0 以下的能级跃迁到 E_F^0 以上的能级。对于能量远低于 E_F^0 的电子，虽然因热起伏，这些电子也有可能被激发到 E_F^0 附近空的电子态上，但概率很小。而且由于电子系统热动平衡的限制，这些跃迁电子所腾出的空的电子态又很容易被较高能量的电子所填充。换句话说，当温度比热力学绝对零度稍高时，与热力学绝对零度时相比，只有能量在 E_F^0 附近的一小部分电子的能量状态会发生变化。

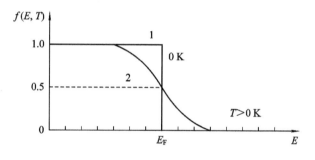

图 5-5　费米分布函数

k 空间中，能量 E 为费米能 E_F 的等能面称为费米面，其具有特殊的意义。由式(5-9)可知，自由电子费米面是半径为 $|k_F|=\sqrt{\dfrac{2mE_F^0}{\hbar}}$ 的球面。k_F 称为费米波矢，又称费米半径。

如果把电子的费米能全部看作电子的动能，则这时对应的速度称为费米速度 $v_F\left(\dfrac{1}{2}mv_F^2=E_F^0\right)$；如果把电子的费米能看作是在温度 T_F 时的热能($k_B T_F=F_F^0$)，则 T_F 称为费米温度。这些都是与费米能对应的重要物理量。

费米面是近代金属理论中的重要基本概念。在绝对零度时，费米面以内的全部电子态都被电子所占据，而球面以外的电子态全部是空的，这时电子处于最低的能量状态，称为基态。当温度升高时，金属受到了外界的热激发而在其中产生了声子。金属中电子受声子的碰撞作用，其电子态可能发生变化。从声子转移到电子的能量值约为 $k_B T$ 量级，这使得在费米球面内附近约 $k_B T$ 能量范围的电子有可能被激发到费米面外空的电子态上去。可以很容易计算出能被激发的电子数目大概占总电子数的 $k_B T/E_F^0$。在常温下，对一般金属而言这个比值约为百分之一量级。

因此，根据量子自由电子论，价电子虽然能在金属中自由运动，在金属中各处发现电子的概率一样，但是它们的能量状态不能任意被改变。只有在费米面附近很少部分的电子才是真正的自由电子，只有这些电子会对金属的比热、电导、热导等作出贡献。

四、近自由电子近似模型

Ⅳ. Nearly-free Electron Approximation Model

近自由电子近似模型讨论的对象是金属中的价电子。晶体中电子与自由电子最主要的区别在于周期性势场的有无。如果假设晶体中存在一个很弱的周期性势场，则电子的运动情况应当与自由电子比较接近，但同时也必然能体现出周期性势场中电子状态的新特点，这样的电子就叫作近自由电子。

下面以一维情况为例进行讨论。设晶体中电子势能周期性变化，但周期性势场很微弱，可以看作是对恒定势场的一种微扰，按量子力学的定态微扰理论，近自由电子哈密顿量可写成

$$\hat{H} = \hat{H}_0 + \hat{H}'$$

其中：$\hat{H}_0 = -\dfrac{\hbar^2}{2m}\nabla^2$，是自由电子的哈密顿算符；$\hat{H}' = V(x) = \sum\limits_{n\neq 0} V_n e^{j\frac{2\pi}{a}n\lambda}$，为微扰项。

由量子力学定态非简并微扰理论可知，微扰的零阶近似波函数可以是自由电子波函数：

$$\psi^{(0)}(\boldsymbol{k},\,\boldsymbol{x}) = L_c^{-\frac{1}{2}} e^{i\boldsymbol{k}\cdot\boldsymbol{x}} \tag{5-22}$$

$$E^{(0)}(\boldsymbol{k}) = \frac{\hbar^2 \boldsymbol{k}^2}{2m} \tag{5-23}$$

能量的一级修正项和二级修正项分别为

$$E^{(1)}(\boldsymbol{k}) = H'_{k'k} = \int \psi^{(0)*}(\boldsymbol{k},\,\boldsymbol{x})V(\boldsymbol{x})\psi^{(0)}(\boldsymbol{k},\,\boldsymbol{x})\mathrm{d}\tau_r = 0 \tag{5-24}$$

$$E^{(2)}(\boldsymbol{k}) = \sum_{k'\neq k} \frac{|H'_{k'k}|^2}{E^{(0)}(\boldsymbol{k}) - E^{(0)}(\boldsymbol{k}')} = \sum_{G_h\neq 0} \frac{2m|V_{G_h}|^2}{\hbar^2[\boldsymbol{k}^2 - |\boldsymbol{k}-\boldsymbol{G}_h|^2]} \tag{5-25}$$

所以晶体中的电子能量近似可写为

$$E(\boldsymbol{k}) = E^{(0)}(\boldsymbol{k}) + E^{(2)}(\boldsymbol{k}) \tag{5-26}$$

同样地，可以得到晶体中电子的波函数近似为

$$\begin{aligned}
\psi(\boldsymbol{k},\,\boldsymbol{x}) &= \psi^{(0)}(\boldsymbol{k},\,\boldsymbol{x}) + \psi^{(1)}(\boldsymbol{k},\,\boldsymbol{x}) \\
&= L_c^{-\frac{1}{2}} e^{i\boldsymbol{k}\cdot\boldsymbol{x}} \left[1 + \sum_{G_h\neq 0} \frac{2mV_{-G_h}}{\hbar^2[\boldsymbol{k}^2 - |\boldsymbol{k}-\boldsymbol{G}_h|^2]} e^{-iG_h\cdot\boldsymbol{x}}\right] \\
&= u(\boldsymbol{k},\,\boldsymbol{x})e^{i\boldsymbol{k}\cdot\boldsymbol{x}}
\end{aligned} \tag{5-27}$$

且容易证明：$u(\boldsymbol{k},\,\boldsymbol{x}) = u(\boldsymbol{k},\,\boldsymbol{x}+na)$，因此由式(5-27)表示的近自由电子的波函数满足布洛赫定理。

值得注意的是，只有当 $H'_{k'k}\neq 0$ 时，$\boldsymbol{k}$ 和 $\boldsymbol{k}'$ 二态之间会发生耦合，在所有耦合的态中，需要考虑有无能量相等的简并态来做分别处理。

即当 $\boldsymbol{k}$ 态和 $\boldsymbol{k}'$ 态之间同时满足：

$$E^{(0)}(\boldsymbol{k}) = E^{(0)}(\boldsymbol{k}')$$

$$\boldsymbol{k}' = \boldsymbol{k} - \boldsymbol{G}_h$$

的条件时，二阶修正项很大，$\boldsymbol{k}$ 态和 $\boldsymbol{k}'$ 态处于简并状态，应该用定态简并微扰理论。根据量子力学简并微扰理论，简并微扰态的能量为

$$E_{\pm}(\boldsymbol{k}) = \frac{1}{2}\{E^{(0)}(\boldsymbol{k}) + E^{(0)}(\boldsymbol{k}') \pm [(E^{(0)}(\boldsymbol{k}) - E^{(0)}(\boldsymbol{k}'))^2 + 4\mid \boldsymbol{V}_n\mid^2]^{1/2}\} \qquad (5-28)$$

（1）当波矢 $\boldsymbol{k}$ 远离布里渊区边界时，由于

$$\boldsymbol{k}' - \boldsymbol{k}_n = \boldsymbol{G}_h = \frac{n\pi}{a}$$

故 $\boldsymbol{k}'$ 态也远离布里渊区边界，从自由电子的 $E-\boldsymbol{k}$ 的抛物线关系可知，$E^{(0)}(\boldsymbol{k}')$ 和 $E^{(0)}(\boldsymbol{k})$ 有显著的差别。在弱周期性势场的前提下，满足：

$$\mid E^{(0)}(\boldsymbol{k}) - E^{(0)}(\boldsymbol{k}') \mid \gg \mid \boldsymbol{V}_n\mid$$

能量和波函数的修正都很小，如图 5-6 中 A 和 A' 点。因此在波矢远离布里渊区边界的情况下，近自由电子的能量和波函数与自由电子近似。

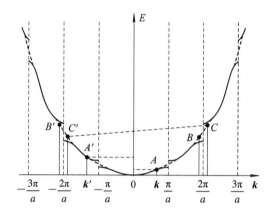

图 5-6　近自由电子能量在布里渊区边界附近的变化情况

（2）当波矢 $\boldsymbol{k}$ 处于布里渊区边界时，即 $\boldsymbol{k}$ 和 $\boldsymbol{k}'$ 大小分别等于 $\pm n\pi/a$ 时，它们的零级能量相等，$E^{(0)}(\boldsymbol{k}) = E^{(0)}(\boldsymbol{k}')$，由式（5-28）可得到

$$E_{\pm}(\boldsymbol{k}) = E^{(0)}(\boldsymbol{k}) \pm \mid \boldsymbol{V}_n\mid \qquad (5-29)$$

这说明当 $\boldsymbol{k}$ 和 $\boldsymbol{k}'$ 均达到布里渊区的边界时，由于弱周期性势场的作用，使自由电子的 $\boldsymbol{k}$ 和 $\boldsymbol{k}'$ 两态简并的能量发生变化，一个升高 $\mid \boldsymbol{V}_n\mid$，另一个降低 $\mid \boldsymbol{V}_n\mid$，于是在布里渊区的边界附近发生能量的跃变，出现宽度为 $2\mid \boldsymbol{V}_n\mid$ 的禁带，所以说，禁带的出现是周期性势场作用的结果。两个允许带之间被禁带隔开，禁带对应的能量状态是晶体中电子不能占据的。

图 5-7 是晶体中的能带示意图，定性地表示了允许带和禁带宽度的差别。

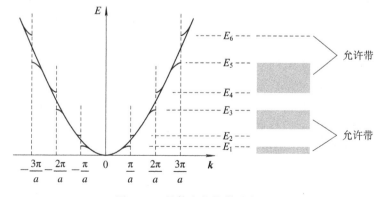

图 5-7　晶体中的能带示意图

晶体电子能量 E 与波矢 k 之间的关系称为能带图或能带结构，是我们研究电子材料和器件的物理性质的常用工具。

课后思考题
Exercises After Class

1. 什么是自由电子气？它有哪些基本性质？

_____

_____

_____

2. 经典自由电子模型、索末菲自由电子模型以及近自由电子近似模型有哪些异同之处？

_____

_____

_____

3. 什么是费米分布？它的物理意义是什么？什么叫费米面？

_____

_____

_____

_____

学习单元三　紧束缚近似
Study Unit Ⅲ Tight-binding Approximation

一、紧束缚近似模型
Ⅰ. Tight-binding Approximation Model

近自由电子近似模型认为晶体势在晶体内部的大部分空间均很弱，只是在原子核附近有很小的起伏。换言之，近自由电子近似模型认为电子受原子核的束缚较弱，因此该模型比较适合于价电子，尤其是金属中的价电子。

对于绝缘体，其电子被紧紧地束缚在原子核周围，它们组成晶体后，由于各原子核对电子的束缚作用比较强，因此晶体中的电子状态和孤立原子的电子状态差别不会特别明显。下面从孤立原子这一极端情况出发，考察晶体中电子能带的形成过程。

假设有 N 个相同的原子，分别处在晶格常数足够大的晶格的格点上。由于原子之间彼此相距足够远，相邻两原子中的电子波数（或电子云）彼此交叠甚微。可以认为这样的晶体中电子的能量状态与完全孤立原子中的电子态差别甚小，但由于电子态有微弱的交叠，因此电子有一定的概率从一个原子转移到相邻的另一个原子中去。这种处理晶体中电子能态问题的方法称为紧束缚近似。

在紧束缚近似下，晶体中一个电子的势能，除了它原来所属的原子势能 V_a 之外，还有一个晶体中其他原子形成的微扰势 V_c。因此电子的哈密顿算符应当是

$$\hat{H} = \hat{H}_a + \hat{H}_c = -\frac{\hbar^2}{2m}\nabla^2 + V_a + V_e = -\frac{\hbar^2}{2m}\nabla^2 + V(\boldsymbol{r}) \tag{5-30}$$

其中，$V(\boldsymbol{r}) = V_a + V_e$ 是晶体周期势。

$\hat{H}_a$ 的本征函数是孤立原子中的电子波函数。为简单起见，只考虑 s 态的波函数 ϕ_s^a，它是孤立原子中的非简并态，而且具有球形对称性。假设排列在晶格格点上的原子彼此没有相互作用，即波函数没有交叠，则处在格点 $\boldsymbol{R}_n$ 处的原子附近的电子波函数应当是 $\phi_s^a(\boldsymbol{r} - \boldsymbol{R}_n)$，而且 $\hat{H}_a$ 的本征值都是 E_s^a。这可看作是一种简并，因此就整个晶体来说，简并微扰的波函数应当是各孤立原子中电子波函数的线性组合：

$$\Psi_{s,k}(\boldsymbol{r}) = \sum_n C_{k,s}\phi_s^a(\boldsymbol{r} - \boldsymbol{R}_n) \tag{5-31}$$

其中求和是对所有格点进行的。此波函数称为原子轨道的线性组合，简写为 LCAO(Linear Combination of Atomic Orbitals)。LCAO 在处理分子系统问题时也是常用的方法，它在晶体问题中常称为紧束缚近似法。

通过求解，可以得到晶体的 s 能带的 $E-\boldsymbol{k}$ 关系：

$$E_s(\boldsymbol{k}) = E_s^a - A - \sum_{n\neq0}B(\boldsymbol{R}_n)\mathrm{e}^{\mathrm{i}\boldsymbol{k}\cdot\boldsymbol{R}_n} \tag{5-32}$$

其中，$A = -\int \phi_s^{a*}(\boldsymbol{r})V_c(\boldsymbol{r})\phi_s^a(\boldsymbol{r})\mathrm{d}\tau$ 是电子处在 $\phi_s^a(\boldsymbol{r})$ 态时，由微扰势 $V_c(\boldsymbol{r})$ 引起的静电势能，并且可以证明 A 是大于零的。

$$B(\boldsymbol{R}_n) = -\int \phi_s^{a*}(\boldsymbol{r})V_c(\boldsymbol{r} - \boldsymbol{R}_n)\phi_s^a(\boldsymbol{r} - \boldsymbol{R}_n)\mathrm{d}\tau$$

是 $\boldsymbol{R}_n = 0$ 和 $\boldsymbol{R}_n \neq \boldsymbol{0}$ 处两个孤立原子中电子波函数相对微扰势 $V_c(\boldsymbol{r} - \boldsymbol{R}_n)$ 的交叠积分，它也是大于零的。由于孤立原子的电子波函数随其到核的距离增大而迅速下降，相邻原子间的波函数交叠已经是很小的，因此除了近邻之外，$B(\boldsymbol{R}_n)$ 都可以认为等于零。再考虑到 s 态波函数的球对称性，所以 $B(\boldsymbol{R}_n)$ 与 $\boldsymbol{R}_n$ 无关，可从求和号中提出。于是式(5-32)简化为

$$E_s(\boldsymbol{k}) = E_s^a - A - B\sum_n^{\text{最近邻}}\mathrm{e}^{\mathrm{i}\boldsymbol{k}\cdot\boldsymbol{R}_n} \tag{5-33}$$

这就是紧束缚近似下，只考虑到最近邻原子之间波函数的交叠所得到的晶体的 s 能带的 $E-\boldsymbol{k}$ 关系。

关于式(5-33)的物理意义可以通过下面的例子来理解。

作为例子，把式(5-33)用于计算面心立方晶格的 s 能带。面心立方晶格的配位数是12。选相邻两晶胞界面面心原子为原点，则其最近邻的12个原子分布在以原点为中心的立方体的12条棱边的中点，如图5-8所示。它们的坐标 $\boldsymbol{R}_n$ 分别为

$$\frac{a}{2}(1,1,0) \qquad\qquad \frac{a}{2}(0,\overline{1},\overline{1})$$

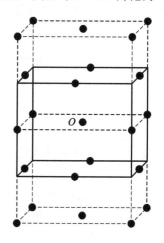

图 5-8　面心立方晶格中一个原子的
最近原子分布

$$\frac{a}{2}(\overline{1},1,0) \qquad \frac{a}{2}(0,1,\overline{1})$$

$$\frac{a}{2}(\overline{1},\overline{1},0) \qquad \frac{a}{2}(1,0,1)$$

$$\frac{a}{2}(1,\overline{1},0) \qquad \frac{a}{2}(\overline{1},0,1)$$

$$\frac{a}{2}(1,1,0) \qquad \frac{a}{2}(0,\overline{1},\overline{1})$$

$$\frac{a}{2}(0,1,1) \qquad \frac{a}{2}(\overline{1},0,\overline{1})$$

$$\frac{a}{2}(0,\overline{1},1) \qquad \frac{a}{2}(1,0,\overline{1})$$

将这些数据代入式(5-33)中，便可得到

$$E_s(\boldsymbol{k}) = E_s^a - A - 4B\left[\cos\frac{a}{2}k_x \cdot \cos\frac{a}{2}k_y + \cos\frac{a}{2}k_y \cdot \cos\frac{a}{2}k_z + \cos\frac{a}{2}k_z \cdot \cos\frac{a}{2}k_x\right]$$

$$(5-34)$$

其中 A、B 作为参数，它是与 $\boldsymbol{k}$ 无关的。

用求极值的方法，不难得到能量的极大值与极小值。当 $\boldsymbol{k}=\boldsymbol{0}$ 时，即在布里渊区中心的 Γ 点，能量有最小值，即为能带底。这时的能量为

$$E_{\min} = E_s^a - A - 12B \qquad (5-35)$$

而 $\boldsymbol{k}$ 在布里渊区边界的小正方面的对角线上时，能量有极大值：

$$E_{\max} = E_s^a - A + 4B \qquad (5-36)$$

整个 s 带的宽度为

$$\Delta E = E_{\max} - E_{\min} = 16B \qquad (5-37)$$

通过这样一个实例我们可以看到，由孤立原子形成晶体后，孤立原子中电子的能级 E_s^a 降低了一个 A 值，并形成一个能带。从式(5-34)可知，在此能带内，电子的能量是波矢的各分量的周期函数。带的宽度与交叠积分的大小成正比。从 B 的表达式可知，带宽不仅与微扰势 V_c 有关，而且与相邻原子波函数 ϕ_s^a 的交叠程度有关。图5-9示意地给出了这种结果。

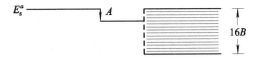

图5-9 由原子能级到能带的形成过程

由孤立原子能级到晶体能带这一转化过程，实际上是量子力学测不准关系所制约的结构。在孤立原子中，电子可在其本征能级 E_s^a 上停留非常久的时间。而当原子相互靠近形成晶体时，电子有一定的概率通过隧道效应从一个原子转移到另一个相邻的原子中去。电子停留在给定原子能级上的时间减少了。它在给定原子附近停留的时间 t 与能级的展宽（能带宽度）ΔE 之间有测不准关系：$t\Delta E \sim \hbar$。所以电子在给定原子附近停留时间的减少导致能级的展宽，从而形成能带。

如果取势垒宽度为 10^{-8} cm，高度为 10 eV，电子在原子中的速度为 10^8 cm/s，玻尔轨

道半径为 10^{-8} cm，则用隧道效应的概率公式可以算出，电子在给定格点原子附近停留的时间为 10^{-15} s 数量级。即原子外壳层电子不是定域在一个给定的原子附近的，而是以速度 $v=10^{-8}/10^{-15}=10^7$(cm/s)在晶体中运动。对于价电子来说，能带宽度 $\Delta E=\hbar/t=1$ eV。

原则上讲，孤立原子中电子的每一个状态的能量在形成晶体后都要分裂成一个能带，即一个孤立原子的电子态对应一个能带。如图 5-10 所示，孤立原子的 s，p_x，p_y，p_z···态或它们的杂化态，都各自对应着晶体中的一个能带($E-k$ 关系)。这些能带称为子能带，如果两个以上的子能带互相交叠，则形成一个混合能带。如果能带之间没有发生交叠，那么就有能隙存在。因此，从紧束缚近似的观点来看，能隙不过是孤立原子能级之间的不连续能量区间在能级分裂成能带之后余下的部分。

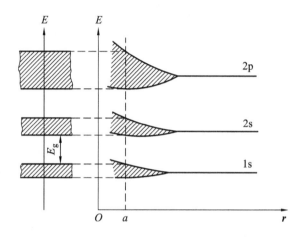

图 5-10 原子能级与固体能带的对应

近自由电子近似和紧束缚近似是能带计算中出现较早、物理思想比较鲜明的两种方法，上面介绍的也还仅仅是这两种方法的简单情况，实际的能带计算要复杂得多。从上述两种近似的基本假设便可知，近自由电子近似模型比较适用于金属的价电子，而紧束缚近似模型不仅适用于绝缘体，也可以用于相邻原子的电子波函数交叠较少的半导体、金属的内层电子和过渡金属的 d 电子。因为后者原子波函数交叠很小。

二、实际的能带结构

Ⅱ. Practical Band Structure

晶体的实际能带结构，是通过理论计算与实验相结合而得到的，方法有很多种。能带的计算是十分复杂而繁重的工作。我们所关心的只限于所得到的能量本征值 $E(\mathbf{k})$。图 5-11 是重要半导体锗和硅的能带结构及面心立方空晶格模型的自由电子能带结构。图中带角标的 Γ、L、X 等表示的是一定的电子态和能级，反映了本质简并度的高低。

从图 5-11 可以看到，空晶格的能带与锗、硅能带之间存在某些联系。从自由电子模型来看，晶体的实际能带结构是由于周期性势场作用使自由电子能带简并部分地消除的结果。在锗、硅能带结构中，下面的四个子能带重叠在一起，与上面的能带之间有一禁带存在。下面这四个子能带形成的带称为价带。上面的带称为导带。

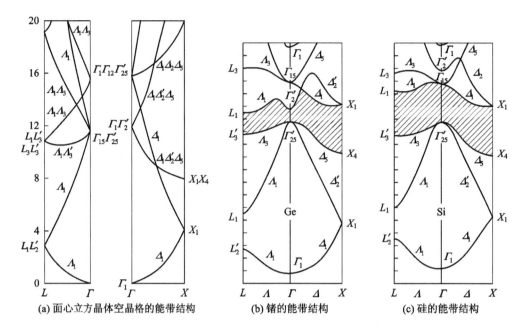

图 5-11　锗、硅能带结构及面心立方空晶格的能带结构

　　从紧束缚近似的观点来看，价带中的四个子能带是由 s，p_x，p_y，p_z 态经杂化后形成的。粗略地可以说一个子能带对应一个孤立原子态。对于导带，情况更为复杂，它有 d 电子态参与。锗、硅能带的形成常形象地用图 5-12 所示的过程来解释。

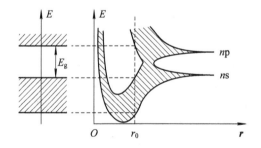

图 5-12　锗、硅等金刚石结构的晶体能带的形成

　　锗和硅的价带顶 E_v 都位于布里渊区中心的 Γ 点，而导带底 E_c 则分别位于 L 点及 Δ 轴上，即导带底与价带顶的能量对应的波矢量不同。这种半导体称为间接禁带半导体。

课后思考题
Exercises After Class

1. 紧束缚近似的适用范围是什么？

_____

_____

_____

_____

2. 按紧束缚近似模型能求解哪些问题？紧束缚近似的零级近似如何取？它主要能计算哪些物理量？

_____

_____

_____

_____

学习单元四 能带中的导电机理
Study Unit Ⅳ Conduction Mechanism in Energy Band

一、空带、满带与半满带
Ⅰ. Empty Band, Full Band, Half-full Band

空带指所有能级均未被电子填充的能带，由原子的激发态能级分裂而成，正常情况下空着；当有激发因素（热激发、光激发）时，价带中的电子可被激发进入空带；在外电场作用下，这些电子的转移可形成电流。所以，空带也是导带。

满带指各能级都被电子填满的能带。满带中的电子不能起导电作用。晶体加外电场时，电子只能在带内不同能级间交换，不改变电子在能带中的总体分布。满带中的电子由原占据的能级向带内任一能级转移时，必有电子沿相反方向转换，因此，不会产生定向电流，不能起导电作用。

半满带介于两者之间，需要说明的是，空带上哪怕有一个电子，满带上哪怕少一个电子，都会形成半满带，半满带可以导电。

二、载流子——自由电子及空穴
Ⅱ. Charge Carrier—Electron and Hole

半导体中有两种载流子：自由电子和空穴。在热力学温度零度和没有外界能量激发时，价电子受共价键的束缚，晶体中不存在自由运动的电子，半导体是不能导电的。但是，当半导体的温度升高（例如室温 300K）或受到光照等外界因素的影响时，某些共价键中的价电子获得了足够的能量，足以挣脱共价键的束缚，跃迁到导带，成为自由电子，同时在共价键中留下相同数量的空穴。空穴是半导体中特有的一种粒子，它带正电，与电子的电荷量相同。由于空穴的存在，价带中的电子就松动了，也就可以在电场的作用下形成电流了。

三、导体、半导体、绝缘体
Ⅲ. Conductor, Semiconductor and Insulator

虽然所有晶体都包含大量的电子，但有的具有良好的电子导电性，有的则基本上观察不到任何电子的导电性，这一基本事实长期得不到解释，然而在能带理论的基础上，可以根据电子填充能带的情况来说明导体、半导体、绝缘体的机理，这也是能带理论发展的一个重大成就，也正是以此为起点，逐步发展了有关导体、绝缘体和半导体的现代理论。

晶体能够导电，是晶体中的电子在外电场作用下作定向运动的结果。电场力对电子的加速作用，使电子的运动速度和能量都发生了变化。换言之，即电子与外电场间发生能量交换。从能带理论来看，电子的能量变化就是电子从一个能级跃迁到另一个能级上去。对于满带，其中的能级已为电子所占满，在外电场作用下满带中的电子并不形成电流，对导电没有贡献，通常原子中的内层电子都是占据满带中的能级，因而内层电子对导电没有贡献。对于被电子部分占满的能带，在外电场作用下，电子可从外电场中吸收能量跃迁到未被电子占据的能级上去，形成了电流，起导电作用，常称这种能带为导带。金属中，由于组成金属的原子中的价电子占据的能带是部分占满的，如图 5-13(c) 所示，所以金属是良好的导体。二价金属其价电子占据的能带虽然是占满的，但由于其能带交叠比较大，其满带与之上的空带产生了交叠，之间的禁带消失了，所以形成了一个大的半满带，也具备好的导电性能。

绝缘体和半导体的能带类似。即下面是已被价电子占满的满带（其下面还有为内层电子占满的若干满带未画出），亦称价带，中间为禁带，上面是空带。因此，在外电场作用下并不导电，但是，这只是绝对温度为零时的情况。当外界条件发生变化时，例如温度升高或有光照时，满带中有少量电子可能被激发到上面的空带中去，使能带底部附近有了少量电子，因而在外电场作用下，这些电子将参与导电；同时，满带中由于少了一些电子，在满带顶部附近出现了一些空的量子状态，满带变成了部分占满的能带，在外电场的作用下，仍留在满带中的电子也能够起导电作用，满带电子的这种导电作用等效于把空穴看作带正电荷的准粒子的导电作用，所以在半导体中，导带的电子和价带的空穴均参与导电，这是与金属导体的最大差别。绝缘体的禁带宽度很大，激发电子需要很大能量，在通常温度下，能激发到导带去的电子很少，所以导电性很差。半导体禁带宽度比较小，数量级在 1 eV 左右，在通常温度下已有不少电子被激发到导带中去，所以具有一定的导电能力，这是绝缘体和半导体的主要区别，如图 5-13(a)、(b) 所示。

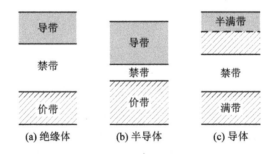

图 5-13　绝缘体、半导体和导体的能带示意图

室温下，金刚石的禁带宽度为 6~7 eV，它是绝缘体；硅为 1.12 eV，锗为 0.67 eV，砷化镓为 1.43 eV，所以它们都是半导体。图 5-14 是在一定温度下半导体的能带图（本征激发情况），图中"*"表示价带内的电子，它们在绝对温度 $T = 0$ K 时填满价带中所有能级。E_v 称为价带顶，它是价带电子的最高能量。在一定温度下共价键上的电子依靠热激发，有可能获得能量脱离共价键，在晶体中自由运动，成为准自由电子。获得能量而脱离共价键的电子，就是能带图中导带上的电子；脱离共价键所需的最低能量就是禁带宽度 E_g；E_c 称

为导带底，它是导带电子的最低能量。共价键上的电子激发成为准自由电子，亦即价带电子激发成为导带电子的过程，称为本征激发。

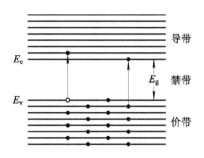

图 5-14　一定温度下半导体的能带

课后思考题
Exercises After Class

1. 什么是价带？什么是导带？为什么满带不导电？

_____

_____

_____

_____

2. 导体、半导体和绝缘体的能带结构以及导电机理是什么？

_____

_____

_____

_____

专业体验
Professional Experiences

半导体的发展历程
Development of Semiconductor

19 世纪末，人类开始逐渐认识到半导体的存在，而如今，集成电路半导体产业支撑着我们的电子信息科学技术的发展，从日常的手机、电脑到工业的控制网络、航空航天，都离不开半导体材料。请根据以下文献内容，在课上分组讨论半导体的发展历程。

[1]　世界半导体集成电路发展史：搜狐文化. https://www.sohu.com/a/226639048_136745,.

[2]　王亚力. 简谈半导体集成电路封装的历程[J]. 电子元器件应用，2002(07)：45.

[3]　肖德元，陈国庆. 半导体器件发展历程及其展望[J]. 固体电子学研究与进展，

2006(04)：510 - 515，521.

    [4]   彭英才. 半导体科学技术发展的历史回顾[J]. 物理，1994(02)：105，121 - 128.

模块知识点复习
Review of Module Knowledge Points

    本模块需掌握的知识点有：能带理论的基本近似，电子的共有化；经典自由电子论、量子自由电子论、近自由电子近似模型；费米分布函数、费米面、费米能级、费米半径；紧束缚近似模型；自由电子和空穴；满带、空带、导带；价带、禁带；导体、半导体、绝缘体。

模块测试题
Module Test

一、填空题

1. 固体能带理论的两个基本近似是_____和_____。

2. 描述能带结构有两种模型：_____模型和_____模型。前者主要针对_____；后者主要针对_____。

3. 经典自由电子论认为电子是经典粒子，其分布遵从_____统计规律；而量子自由电子论认为电子是费米子，受泡利不相容原理限制，其分布遵从_____统计规律。

4. 半导体中有两种载流子：_____和_____。

二、判断题

1. 按照能带理论，电子的态密度随能量变化的趋势总是随能量的增高而增大。（　　　）

2. 晶体中的电子基本上围绕原子核运动，主要受到该原子场的作用，其他原子场的作用当作微扰来处理，这是晶体中描述电子状态的近自由电子近似模型。（　　　）

3. 热力学绝对零度的费米能是全空态与全满态的分界线。（　　　）

4. 从能带的角度来看，半导体和绝缘体的区别仅在于禁带宽度的大小。（　　　）

三、选择题

1. 能带理论是建立在（　　　）的基本假设之上的。

A. 周期性势场   B. 恒定势场   C. 无势场

2. 按照费米分布，绝对零度时费米能以下的能态电子占据的概率为（　　　）。

A. 0   B. 0.5   C. 1

3. 某种晶体的费米能决定于（　　　）。

A. 晶体的体积   B. 晶体的总电子数   C. 晶体中的电子浓度

4. 由 N 个原胞组成的简单晶体，不考虑能带交叠，则每个 s 带可容纳的电子数为（　　　）。

A. N B. $2N$ C. $4N$

四、简答题

1. 近自由电子近似模型与紧束缚模型各有何特点？

2. 试述原子能级与能带之间的对应关系。

3. 解释导带、满带、价带和禁带。

4. 用能带理论解释金属、半导体和绝缘体之间的差别。

模块六 光伏发电原理

Module Ⅵ Principle of Photovoltaic Power Generation

模块引入

Introduction of Module

之前的模块讨论了光伏发电在物理学各个领域、各个学科中的基础知识，从此模块开始，我们讨论其在半导体领域的基础知识以及根据这些半导体领域的知识，我们如何解释光伏效应，如何描述光伏电池的发电原理。在此模块中，我们将揭示光伏电池的这些最核心的"秘密"。

学习单元一 半导体能带结构

Study Unit Ⅰ Energy Band Structure of Semiconductor

半导体的能带结构在之前的模块中已经提及，在本学习单元我们将把它作为一个特例单独拿出来讨论，以了解其特殊性。由此出发，我们讨论了几种重要的半导体情况及它们不同的能带结构。

半导体结构

一、半导体的结构

Ⅰ. Structure of Semiconductor

首先来回顾过去所学的知识，并用这些知识来分析半导体硅。半导体硅是由许多硅原子组成的，它们以有规律的、周期性的结构键合在一起，然后排列成型，借此，每个硅原子都被 8 个电子包围着。一个硅原子由原子核和 4 个电子构成，原子核则包括了 4 个质子和中子，而 4 个电子则围绕在原子核周围。电子和质子拥有相同的数量，因此一个原子的整体是显电中性的。每个硅原子的每个电子与其他硅原子的电子形成两两成对的共价键，一个硅原子可以和周围的 4 个硅原子形成共价键。图 6 - 1 展示了半导体硅的结构。

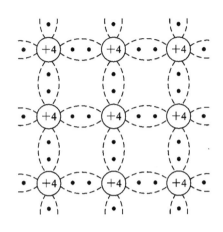

图 6-1 半导体硅的结构图

硅是使用最为广泛的半导体材料，Ⅳ族元素，它是集成电路（IC）芯片的基础，也是最为成熟的技术，而大多数的光伏电池也是以硅作为基本材料的。硅的共价键结构决定了半导体硅材料的性能。其中一个关键影响就是限制了电子能占据的能级和电子在晶格之间的移动。半导体硅中，围绕在每个硅原子的电子都是共价键的一部分。共价键就是两个相邻的原子都拿出自己的一个电子来与之共用形成共用电子对，这样，每个硅原子便被 8 个电子包围，以形成原子结构中的 8 电子稳定结构。共价键中的电子被共价键的力量束缚着，因此它们总是限制在硅原子周围，不能移动或者自行改变能量，所以共价键中的电子不能被认为是自由的，也不能够参与电流的流动、能量的吸收以及其他与光伏电池相关的物理过程。然而，只有在绝对零度时电子才全部束缚在共价键中。在高温下，电子能够获得能量摆脱共价键，而当它成功摆脱后，便能自由地在晶格之间运动并参与导电。在室温下，半导体硅拥有足够的自由电子使其导电，然而在到达或接近绝对零度的时候，它就像一个绝缘体。

共价键的存在导致了电子有两个不同能量状态。电子的最低能量态是其处在价带的时候。如果电子吸收了足够的能量来打破共价键，那么它将进入导带成为自由电子。电子不能处在这两个能带之间的能量区域，这个区域就是半导体的"禁带"。半导体硅中比较低的能级就是"价带"（E_v），而处于其中的电子能被看成自由电子的能级就是"导带"（E_c）。处于导带和价带之间的便是禁带（E_g）了。

一旦进入导带，电子将自由地在半导体硅中运动并参与导电。然而，电子在导带中的运动也会导致另外一种导电过程的发生。电子从原本的共价键移动到导带必然会留下一个空位。来自周围原子的电子能移动到这个空位上，然后又留下了另外一个空位，这种留给电子的不断运动的空位就是之前提到的"空穴"，也可以看作在晶格间运动的正电荷。因此，电子移向导带的运动不仅导致了电子本身的移动，还产生了空穴在价带中的运动。电子和空穴都能参与导电并都称为"载流子"。

回顾了这些关于原子结构与能带的知识，来看看半导体的能带结构具体是什么样的，图 6-2 是硅和锗的能带结构图。而硅和锗的禁带宽度是随温度变化的，在 $T=0$ K 时，硅、锗的禁带宽度分别趋近于 1.17 eV，进而至 0.7437 eV。随温度升高禁带会减小。

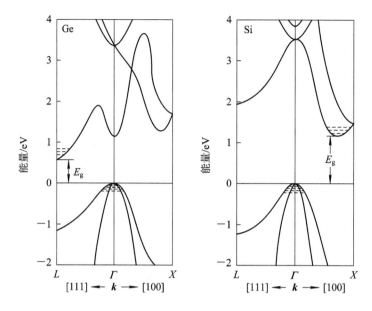

图 6-2 硅和锗的能带结构

二、本征半导体、N 型半导体及 P 型半导体

把电子从价带移向导带的热激发使得价带和导带都产生载流子。这些载流子的浓度叫作本征载流子浓度，用符号 n_i 表示。没有注入能改变载流子浓度的杂质且没有缺陷的半导体材料叫作本征材料。本征载流子浓度就是指本征材料导带中的电子数目或价带中的空穴数目。载流子的数目决定于材料的禁带宽度和材料的温度。宽禁带会使得载流子很难通过热激发来穿过它，因此宽禁带的本征载流子浓度一般比较低。但还可以通过提高温度让电子更容易被激发到导带，同时也提高了本征载流子的浓度。图 6-3 是本征半导体的能带状态。

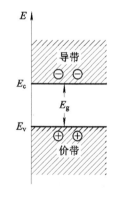

图 6-3 本征半导体的能带

半导体中的杂质，主要是制备半导体的原材料纯度不够，半导体单晶制备过程中及器件制造过程中的沾污，或是为了控制半导体的性质而人为地掺入某种化学元素的原子。

通过掺入其他原子可以改变硅晶格中电子与空穴的平衡。比硅原子多一个价电子的原子可以用来制成 N 型半导体材料，这种原子把一个电子注入导带中，因此增加了导带中电子的数目。相对地，比硅原少一个电子的原子可以制成 P 型半导体材料。在 P 型半导体材料中，被束缚在共价键中的电子数目比本征半导体要高，因此显著地提高了空穴的数目。在已掺杂的材料中，总是有一种载流子的数目比另一种载流子高，而这种浓度更高的载流子就叫"多子"，相反，浓度低的载流子就叫"少子"。图 6-4 是单晶硅掺杂后制成的 P 型和 N 型半导体。表 6-1 总结了不同类型半导体的特性。

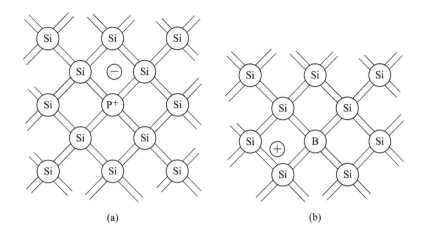

图 6-4　P 型半导体与 N 型半导体的示意图

表 6-1　**P 型半导体与 N 型半导体的比较**

	P 型（正）	N 型（负）
掺杂	Ⅲ 族元素（如硼）	Ⅴ 族元素（如磷）
价键	失去一个电子（空穴）	多出一个电子
多子	空穴	电子
少子	电子	空穴

　　以硅中掺入Ⅴ族元素，如在纯净的硅晶体中掺入少量的 5 价杂质磷（P）为例，如图 6-4（a）所示。每个硅原子有 4 个价电子，原子和原子之间以共价键方式结合。磷原子进入半导体硅后，以替位的形式存在，占据硅原子的位置。由于磷的原子数目比硅原子少得多，因此整个结构基本不变，只是某些位置上的硅原子被磷原子所取代。磷原子有 5 个价电子，其中 4 个价电子与周围 4 个硅原子的 4 个价电子组成 4 个共价键，还剩 1 个价电子，束缚在磷原子核的周围，一旦接受能量，这个价电子很容易挣脱原子核的束缚变成自由电子，从而可以在整个晶体中运动，成为导电电子，磷原子失去电子后成为带正电的磷离子（P^+），称为正电中心。正电中心是不能移动的。上述电子脱离杂质原子的束缚成为导电电子的过程称为施主电离，电离过程所需的最小能量就是它的电离能。Ⅴ族杂质在硅中电离时，能够释放电子而产生导电电子并形成正电中心，称它们为施主杂质或 N 型杂质。这使得硅晶体中的电子载流子数目大大增加，因为 5 价的杂质原子可提供一个自由电子，所以一个掺入 5 价杂质的 4 价半导体，就成了电子导电类型的半导体，也称为 N 型半导体。在这种 N 型半导体材料中，除了由于掺入杂质而产生大量的自由电子以外，还有由于热激发面产生少量的电子-空穴对。空穴的数目对于电子的数目是极少的，所以把空穴称为少数载流子，而将电子称为多数载流子。

　　用能带图表示就是，掺入的磷在能带中形成施主能 E_D，此能级位于禁带中间，称为杂质能级，如图 6-5 所示。当电子得到能量 ΔE_D 后，就从施主能级跃迁到导带成为导电电子，所以施主级 E_D 位于离导带底 ΔE_D 的下方处。半导体中掺入施主杂质且杂质电离后，导带中的导电电子增多。如果半导体主要依靠导电电子导电，就把这种半导体称为电子型或 N 型半导体。

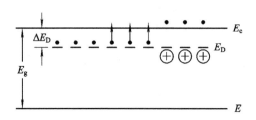

图 6-5　施主能级和施主电离

同样，在纯净的硅晶体中掺入能够俘获电子的Ⅲ族元素，如掺入 3 价杂质硼（B）（或铝、镓或铟等）为例，如图 6-4(b)所示。硼原子进入半导体硅后，也是以替位的形式存在，占据硅原子的位置。硼原子有 3 个价电子，当它与周围 4 个硅原子形成共价键时，还缺少 1 个价电子，只好从别处的硅原子中夺取 1 个价电子来形成共价键，附近硅原子的共有价电子在热激发下，很容易转移到这个位置上来，于是硼原子接受一个价电子后也形成带负电的硼离子，会在硅晶体的共价键中产生一个空穴。这样，每一个硼原子都能接受一个价电子，同时在附近产生一个空穴，从而使得硅晶体中的空穴载流子数目大大增加。硼原子在接受 1 个电子后，成为带负电的硼离子（B⁻），称为负电中心，负电中心也是不能移动的。空穴由于静电引力作用弱，束缚在硼离子的周围，一旦接受能量，空穴就很容易挣脱硼离子的束缚，从而可以在整个晶体中运动，成为导电空穴。上述空穴脱离杂质的束缚成为导电空穴的过程，称为受主电离。掺入的杂质电离时能够使价带中的导电空穴增多，称它们为受主杂质或 P 型杂质。由于 3 价杂质原子可以接受电子而被称为受主杂质，因此掺入 3 价杂质的 4 价半导体，也称为 P 型半导体。当然，在 P 型半导体中，除了掺入杂质产生的大量空穴外，热激发也会产生少量的电子-空穴对，但是相对来说，电子的数目要小得多。与 N 型半导体相反，对于 P 型半导体，空穴是多数载流子，而电子为少数载流子。

用能带图表示就是，掺入的硼在能带中形成施主能级 E_A，这个能级也位于禁带中间，同样是杂质能级，如图 6-6 所示。当空穴得到能量 ΔE_A 后，就从受主能级跃迁到价带成为导电空穴，所以受主能级 E_A 位于离价带顶 ΔE_A 的上方处。半导体中掺入受主杂质且受主杂质电离时，能使价带中的导电空穴增多。如果半导体主要依靠导电空穴导电，就把这种半导体称为空穴型或 P 型半导体。

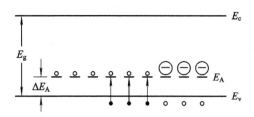

图 6-6　受主能级和受主电离

磷和硼在硅的禁带中形成能级时，电离能 ΔE_D、ΔE_A 远小于 E_g（施主能级和受主能级分别靠近导带底和价带顶），称这样的能级为浅能级。由于杂质的电离能很小，一般而言（即在非简并半导体中），在室温下，施主杂质和受主杂质都能全部电离。

但是，对于纯净的半导体而言，无论是 N 型还是 P 型，从整体来看，都是电中性的，内部的电子和空穴数目相等，对外不显示电性。这是由于单晶半导体和掺入的杂质都是电中性的缘故。在掺杂的过程中，既不损失电荷，也没有从外界得到电荷，只是掺入杂质原子的价电子数目比基体材料的原子多了一个或少了一个，因而使半导体出现大量可运动的电子或空穴，并没有破坏整个半导体内正、负电荷的平衡状态。

三、半导体的载流子情况

Ⅲ. Charge Carrier Condition of Semiconductor

在模块五中我们提到过费米分布函数，当费米分布函数中的 $E-E_F \gg k_0 T$ 时，费米分布函数就变为了玻尔兹曼函数

$$f_B(E) = e^{-\frac{E-E_F}{k_0 T}} \tag{6-1}$$

在计算导体的载流子浓度时要用到这个公式，这个公式其实也体现这半导体中电子的能态占据几率。另一个需要注意的是，我们大部分的结论都是在热平衡态下的结论，热平衡态是指半导体没有额外的刺激，如光照射或外加电压。载流子的电流相互抵消，所以在器件内没有净电流。

根据玻尔兹曼函数可以写出热平衡态下导带中电子浓度为

$$n_o = N_c \exp\left(-\frac{E_c - E_F}{k_0 T}\right) \tag{6-2}$$

其中，N_c 称为导带的有效状态密度，是温度的函数。

同理，热平衡态下价带中空穴浓度为

$$p_o = N_v \exp\left(\frac{E_v - E_F}{k_0 T}\right) \tag{6-3}$$

其中，N_v 称为价带的有效状态密度，是温度的函数。

从式(6-2)、式(6-3)可以看出导带中电子浓度和价带中空穴浓度随着温度和费米能级的不同而变化。

将式(6-2)、式(6-3)相乘，可得到载流子浓度的乘积：

$$n_o p_o = N_c N_v \exp\left(-\frac{E_c - E_v}{k_0 T}\right) = N_c N_v \exp\left(-\frac{E_g}{k_0 T}\right) \tag{6-4}$$

可见，电子和空穴的浓度乘积和费米能级无关。对于一定的半导体材料，乘积只取决于温度，而在一定温度下，不同半导体材料的禁带宽度不同，导致乘积不同。

在没有外加偏压的情况下，当温度大于绝对零度时，有电子从价带激发到导带，同时价带产生空穴，这种本征激发中电子和空穴成对产生，导带中的电子浓度和价带中的空穴浓度(即本征载流子浓度 n_i)是相同的，即

$$n_o = p_o = n_i \tag{6-5}$$

代入式(6-2)、式(6-3)可得

$$E_i = E_F = \frac{E_c + E_v}{2} + \frac{k_0 T}{2} \ln \frac{N_v}{N_c} \tag{6-6}$$

这就是本征半导体的费米能级，可以发现，在绝对零度时，费米能级是在导带底和价带顶的中间位置，随着温度的上升，费米能级会上升，硅材料的费米能级上升会很少，基本

在禁带中线处。

将式(6-6)代入式(6-2)、式(6-3)可得本征载流子浓度为

$$n_i = n_o = p_o = (N_c N_v)^{\frac{1}{2}} \exp\left(-\frac{E_g}{2k_0 T}\right) \tag{6-7}$$

从式中可知,本征载流子浓度随温度升高而增加,但不同半导体材料受禁带宽度影响,禁带宽度越大,本征载流子越小。图6-7给出了本征情况下的能带情况、费米分布函数和载流子情况。

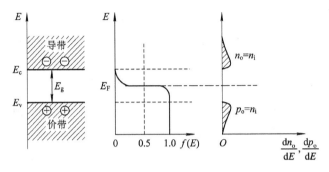

图6-7 本征半导体的能带情况、费米分布函数和载流子情况

对于N型半导体而言,其导带上的电子浓度应等于掺杂浓度加上本征载流子浓度。对于多子(多数载流子)来说,其平衡载流子浓度等于本征载流子浓度加上掺杂入半导体的自由载流子的浓度。在多数情况下,掺杂后半导体的自由载流子浓度要比本征载流子浓度高出几个数量级,因此多子的浓度几乎等于掺杂载流子的浓度,则N型半导体中电子浓度为

$$n_o = N_D = N_c \exp\left(-\frac{E_c - E_F}{k_0 T}\right) \tag{6-8}$$

费米能级为

$$E_F = E_c - k_0 T \ln\left(\frac{N_c}{N_D}\right) \tag{6-9}$$

可知,费米能级由温度和掺杂浓度确定。图6-8给出了N型半导体情况的能带情况、费米分布函数和载流子情况。

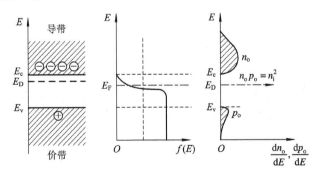

图6-8 N型半导体的能带情况、费米分布函数和载流子情况

同理可知,对于P型半导体而言,其价带上的空穴浓度应等于掺杂浓度加上本征载流子浓度,则P型半导体中电子浓度为

$$p_o = N_A = N_v \exp\left(\frac{E_v - E_F}{k_0 T}\right) \tag{6-10}$$

费米能级为

$$E_F = E_v + k_0 T \ln\left(\frac{N_v}{N_A}\right) \tag{6-11}$$

可知，费米能级由温度和掺杂浓度确定。图 6 - 9 给出了 P 型半导体情况下的能带情况、费米分布函数和载流子情况等曲线。

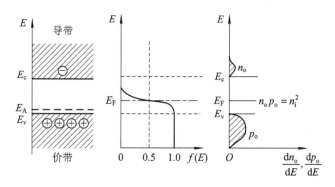

图 6 - 9　P 型半导体的能带情况、费米分布函数和载流子情况

N 型半导体中的电子和 P 型半导体中的空穴是多子，而 N 型半导体中的空穴和 P 型半导体中的电子即少子。对于 N 型半导体有

$$p_o = \frac{n_i^2}{N_D} \tag{6-12}$$

而对 P 型半导体有

$$n_o = \frac{n_i^2}{N_A} \tag{6-13}$$

从式中可知，少子浓度与本征载流子浓度成正比，与多子浓度成反比，而随着温度上升，多子浓度不变，本征载流子浓度随温度上升，所以少子浓度将随着温度的升高而迅速增大。同时少子的浓度随着掺杂水平的增加而减少。

导带中的电子和价带中的空穴之所以被叫作自由载流子，是因为它们能在半导体晶格间移动。一个很简单但在多数情况下都适用的对载流子运动的描述是，在一定温度下，在随机方向运动的载流子都有特定的速度。在与晶格原子碰撞之前，载流子在随机方向运动的距离长度叫作散射长度。一旦与原子发生碰撞，载流子将往不同的随机方向运动。

半导体中的载流子在不停地做随机运动，但是并不存在载流子势运动，除非有浓度梯度或电场。因为载流子往每一个方向运动的概率都是一样的，所以载流子往一个方向的运动最终会被它往相反方向的运动给平衡掉。

如果半导体中一个区域的载流子浓度要比另一个区域的高，那么，由于不停的随机运动，将引起载流子的势运动。当出现这种情况时，在两个不同浓度的区域之间将会出现载流子梯度。载流子将从高浓度区域流向低浓度区域。这种载流子的流动叫作"扩散"，是由于载流子的随机运动引起的。在器件的所有区域中，载流子往某一方向的运动的概率是相同的。在高浓度区域，数量庞大的载流子不停地往各个方向运动，包括往低浓度方向。然而，在低浓度区域只存在少量的载流子，这意味着往高浓度运动的载流子也是很少的。这种不平衡导致了从高浓度区域往低浓度区域的势运动。

扩散的速率决定于载流子的运动速度和两次散射点相隔的距离。在温度更高的区域，扩散速度会更快，因为提高温度能提高载流子的热运动速度。

扩散现象的主要效应之一是使载流子的浓度达到平衡，就像在没有外界力量作用半导体时，载流子的产生和复合也会使得半导体达到平衡。

在半导体外加一个电场可以使做随机运动的带电载流子往一个方向运动。在没有外加电场时，载流子在随机方向以一定的速度移动一段距离。然而，在加了电场之后，其方向与载流子的随机方向叠加。那么，如果此载流子是空穴，其在电场方向将做加速运动，电子则反之。在特定方向的加速运动导致了载流子的势运动。载流子的方向是其原来方向与电场方向的向量叠加。

由外加电场所引起的载流子运动叫"漂移运动"。漂移运动不仅发生在半导体材料中，在金属材料中同样存在。漂移运动在半导体中是指，带负电的粒子将朝着与电场方向相反的方向运动。值得注意的是，在大多数情况下，电子是往电场相反的方向运动的。但是在有些情况中，例如电子往电场方向的运动，则有可能是势运动，并沿着电场方向运动了一小段距离。

课后思考题
Exercises After Class

1. 请阐述何为本征半导体、N 型半导体、P 型半导体。

_____

_____

_____

_____

2. 请阐述扩散和漂移的概念。

_____

_____

_____

_____

学习单元二　PN 结
Study Unit Ⅱ　PN Junction

PN 结二极管的结构不仅是光伏电池结构的基础，还是其他许多电子器件的基础，如 LED、激光、光电二极管还有双极结二极管（BJT）。一个 PN 结把之前所描述的载流子复合、产生、扩散和漂移全部集中到一个器件中。

一、PN 结的形成
Ⅰ. Formation of PN Junction

PN 结是大多数半导体器件的核心，是集成电路主要组成部分。它可以利用多种工艺制作而成,如合金法、扩散法、离子注入法、薄膜生长法等。

PN 结是 N 型半导体材料和 P 型半导体材料的结合形成的。无论是 N 型半导体材料,还是 P 型半导体材料,当它们独立存在时,都是电中性的,电离杂质的电荷量和载流子的总电荷量是相等的。当两种半导体材料连接在一起时,对 N 型半导体而言,电子是多数载流子,浓度高;而在 P 型半导体中,电子是少数载流子,浓度低。由于浓度梯度的存在,电子势必从高浓度区向低浓度区扩散,即从 N 型半导体向 P 型半导体扩散。在界面附近,N 型半导体的电子浓度逐渐降低,而扩散到 P 型半导体中的电子和 P 型半导体中的多数载流子空穴复合而消失。因此,在 N 型半导体靠近界面附近,电离杂质的正电荷高于剩余的电子浓度,出现了正电荷区域。在 P 型半导体中,由于空穴从 P 型半导体向 N 型半导体扩散,在靠近界面附近,电离杂质的负电荷高于剩余的空穴浓度,出现了负电荷区域。这两个区域称为 PN 结的空间电荷区,区域中的电离杂质所携带的电荷称为空间电荷,如图 6 - 10 所示。

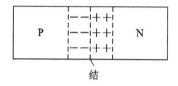

图 6 - 10　PN 结的空间电荷区

空间电荷区中存在着正负电荷区,形成了一个从 N 型半导体指向 P 型半导体的电场,称为内建电场。随着载流子扩散的进行,空间电荷区不断扩大,空间电荷量不断增加,内建电场的强度也不断增加。在内建电场力的作用下,载流子受到与扩散方向相反的力,产生漂移。在没有外电场的情况下,电子的扩散和电子的漂移最终达到平衡,此时 PN 结处于热平衡状态。从宏观上看,在空间电荷区,既没有电子的扩散和漂移,也没有空穴的扩散和漂移,此时空间电荷区宽度一定,空间电荷量一定。在 N 型区,被留下的便是带正电的原子核,相反,在 P 型区,留下的是带负电的原子核。于是,一个从 N 型区的正离子区域指向 P 型区的负离子区域的电场 E 就建立起来了。这个电场区域叫作"耗尽区",因为此电场能迅速把自由载流子移走,因此,这个区域的自由载流子是被耗尽的。由于耗尽区的电场的存在,载流子之间的产生、复合、扩散以及漂移将会达到平衡。尽管电场的存在阻碍了载流子的扩散运动穿过电场,但有些载流子还是依然通过扩散运动穿过了电场。到达扩散区与耗尽区的交界处时,少子会被电场拉到耗尽区。由此形成的电流叫作漂移电流。在平衡状态下,漂移电流的大小受到少子数目的限制,这些少子是在与耗尽区的距离小于扩散长度的区域通过热激发产生的。在平衡状态下,半导体的净电流为零。电子的漂移电流与电子的扩散电流是相互抵消的(试想如果没有抵消的话,将在半导体的其中一边出现电子的聚集),详见图 6 - 11。同理,空穴的漂移电流与空穴扩散电流也是相互抵消的。

由于载流子的扩散和漂移,导致空间电荷区和内建电场的存在,引起该部位的相关空穴势能或电子势能的改变,最终改变了 PN 结处的能带结构。内建电场是从 N 型半导体指向 P 型半导体的,因此沿着电场方向,电场是从 N 型半导体到 P 型半导体逐渐降低,带正电的空穴的势能也逐渐降低,而带负电的电子的势能则逐渐升高。也就是说,空穴在 N 型半导体势能高,在 P 型半导体势能低。如果空穴从 P 型半导体移动到 N 型半导体,需要克

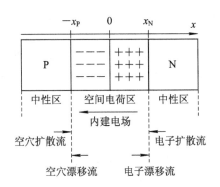

图 6-11　PN结的扩散与漂移

服一个内建电场形成的势垒;电子在 P 型半导体势能高,在 N 型半导体势能低,如果从 N 型半导移动到 P 型半导体,也需要克服一个内建电场形成的势垒。图 6-12 所示为 PN 结形成前后的能带结构图。由图 6-12 可以看出,当 N 型半导体和 P 型半导体组成 PN 结时,由空间电荷区形成的电场,在 PN 结处能带发生了弯曲。此时导带底能级、价带顶能级、本征费米能级和缺陷能级都发生了相同幅度的弯曲。由于在平衡时,N 型半导体和 P 型半导体的费米能级是相同的,所以,平衡时的空间电荷区两端的电势差 V_{bi} 就等于原来的 N 型半导体和 P 型半导体的费米能级之差。构成 PN 结的 N 型半导体、P 型半导体的掺杂浓度越高,禁带越宽,PN 结的接触电势差就越大。

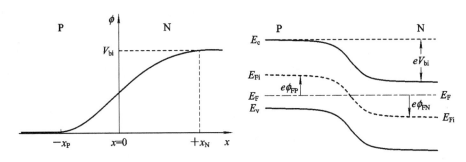

图 6-12　PN结的能带与电势能

二、PN结的电流电压特性

Ⅱ. Current and Voltage Characteristics of PN Junction

　　PN 结具有许多重要的基本特性,包括电流电压特性、电容效应、隧道效应、雪崩效应、开关效应和光伏效应等,其中电流电压特性又称为整流特性。当 P 型半导体接正电压、N 型半导体接负电压时,外加电场的方向和内建电场方向相反,内建电场的强度被削弱,电子从 N 型半导体向 P 型半导体扩散的势垒降低,空间电荷区变窄,从而导致大量电子从 N 型半导体向 P 型半导体扩散。对空穴而言,在正向电压作用下,从 P 型半导体扩散到 N 型半导体,电流通过。电流基本随电压呈指数上升,称为正向电流。反之,当 P 型半导体上加以负电压、N 型半导体上加正电压时,外加电场的方向和内建电场方向一致,内建电场强度加强,而电子从 N 型半导体向 P 型半导体扩散的势垒增加,导致电子从 P 型半导体漂移到 N 型半导体及空穴从 P 型半导体扩散到 N 型半导体的势垒增加，通过的电流很小，称为反向电流，此时电路基本处于阻断状态。当反向电压大于一定数值时，电流急剧增大，PN 结被击穿，此时的反向电压称为击穿电压。

当光照在 PN 结上，那些能量大于禁带宽度 E_g 的光子被吸收后，产生电子空穴对，即产生非平衡载流子。在 PN 结内建电场的作用下，空穴向 P 型区漂移，电子向 N 型区漂移，形成光生电动势或光生电场，从而降低了内建电场的势垒，相当于在 P 型上加了正向电压，在 N 型上加了负向电压。在外电路未接通时，光生载流子只形成电动势；外电路接通后，外电路上就会产生由 P 型流向 N 型的电流和功率。这就是光伏电池的基本原理，也是光电探测器、辐射探测器件的工作原理。

正向偏压(也叫正向偏置)指的是在器件两边施加电压，以使得 PN 结的内建电场减小。即在 P 型半导体加正极电压，而在 N 型半导体加负极电压，于是，一个穿过器件方向与内建电场相反的电场便建立起来了。因为耗尽区的电阻比器件中其他区域的电阻要大得多(由于耗尽区的载流子很少的缘故)，所以几乎所有的外加电压都施加在了耗尽区上。对于实际的半导体器件，内建电场的电压总是要比外加电场的高。而电场的减小将破坏 PN 结的平衡，即减小了对载流子从 PN 结的一边到另一边的扩散运动的阻碍，增大扩散电流。当扩散电流增加时，漂移电流基本保持不变，因为漂移电流的大小只取决于在与耗尽区的距离小于扩散长度的区域，还有耗尽区内部产生的载流子的数目。因为在上面的过程中，耗尽区的宽度只缩小了一小部分，所以穿过电场的少子的数目也基本不变。

从 PN 结的一端到另一端的扩散运动的增加导致了少数载流子(少子)往耗尽区边缘的注入。这些少数载流子由于扩散而渐渐远离 PN 结，并最终与多数载流子(多子)复合。多数载流子是由外部电流产生的，也因此在正向偏压下产生净电流，称为正向导通。

反向偏置电压是指在器件两端加电场，以使 PN 结增大。在 PN 结中的内建电场越大，载流子能从 PN 结一端扩散至另一端的概率就越小，即扩散电流就越小。与正向偏压时相同，由于受到进入耗尽区的少数载流子的数量限制，PN 结的漂移电流并没有因内建电场的增大而相应增大。图 6-13 是正向偏压和反向偏压下的 PN 结势垒图。

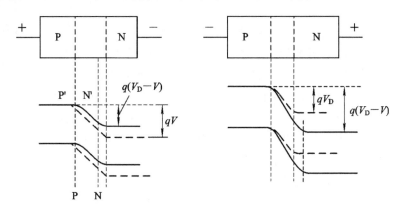

图 6-13　正向偏压和反向偏压下的 PN 结势垒图

课后思考题
Exercises After Class

1. 请简述 PN 结中的漂移与扩散。

_____

_____

_____

_____

2. 请说明什么是空间电荷区。

_____

_____

_____

_____

3. 请说明 PN 结的正、反向偏置。

_____

_____

_____

_____

学习单元三　光伏发电原理
Study Unit Ⅲ　Mechanism of Photovoltaic Power Generation

一、光伏发电原理
Ⅰ. Principle of Photovoltaic Power Generation

光伏电池是一种能直接把太阳光转化为电的器件。入射到电池的太阳光通过产生电流和电压的形式来产生电能。这个过程的发生需要两个条件，首先，被吸收的光要能在材料中把一个电子激发到高能级，

光伏发电原理

即能量的匹配；第二，处于高能级的电子和低能级的空穴能从电池中移动到外部电路，在外部电路的电子空穴复合消耗了能量然后回到电池中，这对光伏电池的结构有一定要求。许多不同的材料和工艺都基本上能满足太阳能转化的需求，但实际上，几乎所有的光伏电池转化过程都是使用组成 PN 结形式的半导体材料来完成的。

在光伏电池中产生的电流叫作"光生电流"，它的产生包括了两个主要的过程。第一个过程是吸收入射光电子并产生电子空穴对。电子空穴对只能由能量大于光伏电池的禁带宽度的光子产生。电子（在 P 型材料中）和空穴（在 N 型材料中）产生后是处在亚稳定状态的，在复合之前其平均生存时间被称为少数载流子寿命。如果载流子被复合了，光生电子空穴对将消失，也没有电流和电能产生。

PN 结通过其内建电场收集这些光生载流子，把电子和空穴分散到不同的区域，阻止了

它们的复合。PN 结是通过其空间电荷区把载流子分开的。光生少数载流子会被内建电场移到 PN 结的两极。如果用一根导线把两极连接在一起(使电池短路),光生载流子将流到外部电路。图 6-14 显示出在 PN 结能带上电子和空穴在光照吸收后的产生和移动。

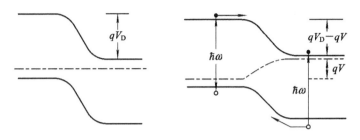

图 6-14　PN 结在没有光照和光照情况下的能带示意图

被收集的光生载流子并不是靠其本身来产生电能的。为了产生电能,必须同时产生电压和电流。在光伏电池中,电压是由所谓的"光生伏打效应"过程产生的。PN 结对光生载流子的收集引起电子穿过电场移向 N 型区,而空穴则移向 P 型区,将不会出现电荷的聚集,因为载流子都参与了光生电流的流动。然而,如果光生载流子没有及时流出 PN 结的话,PN 结对光生载流子的收集将引起 N 型区的电子数目增多,P 型区的空穴数目增多。这样,电荷的分开将在电池两边产生一个与内建电场方向相反的电场,形成电势差,此刻的电势差一般称为"开路电压"。当给光伏电池外接负载时,势必有一些电子和空穴进入负载,则电势差降低,而随着电子和空穴的不断产生,光伏电池会进入一个动态平衡,既产生了稳定的电压(比开路电压低),又产生了稳定的电流。同理,当直接将 PN 结的两极短接时,也会出现一个很大的电流(短路电流),即光伏电池将自身的内阻视为负载,这时两极的电压为零。

二、光伏电池的光吸收和光谱响应

Ⅱ. Light Absorption and Spectral Response of Photovoltaic Cells

在涉及了光伏电池接收光子的情况下,如果我们讨论光伏电池和光的相互能量作用,会发现光在碰到光伏电池时会发生三种情况:吸收、反射和透射。这意味着光子的能量被光伏电池获得、被弹走或者是穿过光伏电池,如果我们认为入射光强为 I_0,则其入射到光伏电池时一般会有一部分光强被反射,称为反射光强 I_R,同时有一部分光会被光伏电池吸收,这部分光称为 I_A,还有一部分光会透过光伏电池,称为 I_T,则有

光谱响应

$$I_0 = I_R + I_A + I_T \tag{6-14}$$

令式(6-15)左右两端都除以 I_0,则

$$1 = \frac{I_R}{I_0} + \frac{I_A}{I_0} + \frac{I_T}{I_0} \tag{6-15}$$

我们将后面三部分光强与入射光光强的比值分别称为反射率 R,吸收率 A 和透射率 T,则式(6-15)变为

$$R + A + T = 1 \qquad (6-16)$$

即反射率与吸收率和透射率的和为 1。其中 A 遵循模块二所提到的郎伯定律。对于光伏电池中的非透光电池，特别是晶硅光伏电池，其 T 往往忽略不计，则式 (6-16) 变为

$$A + R = 1 \qquad (6-17)$$

当光子被光伏电池吸收，电子吸收光子的能量发生跃迁，这过程必须满足能量守恒和动量守恒。对于能量守恒有

$$h\nu = E_2 - E_1 \qquad (6-18)$$

这在之前的模块提到过，而动量守恒则是指电子在光伏电池中波矢量将会变化。设电子在价带上的波矢量为 $\boldsymbol{k}$，获得光子发生跃迁到导带后的波矢状态为 $\boldsymbol{k}'$，则

$$\hbar\boldsymbol{k} + P = \hbar\boldsymbol{k}' \qquad (6-19)$$

其中 P 是式 (2-25) 中的光子动量，而光子动量往往可忽略不计，则式 (6-19) 变为

$$\boldsymbol{k} = \boldsymbol{k}' \qquad (6-20)$$

这种情况下，电子跃迁前后的波矢量不变，称之为直接跃迁。而直接跃迁中光子的最小能力由式 (6-18) 所决定，这个值往往是禁带宽度，这也说明导带底和价带顶的波矢量一致，如图 6-15 所示，即其带隙为直接带隙。发生直接跃迁吸收光子的半导体称为直接带隙半导体。

但对于硅、锗这类半导体，其价带顶位于 $\boldsymbol{k}$ 空间原点，而导带底则不在 $\boldsymbol{k}$ 空间原点，这类半导体称为间接带隙半导体。图 6-15 是直接跃迁和间接跃迁的示意图。

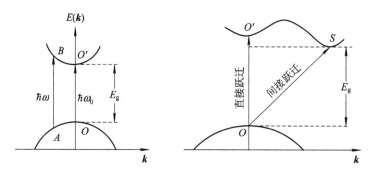

图 6-15 直接跃迁和间接跃迁的示意图

在这类半导体中主要发生间接跃迁，即图 6-16 中从 O 到 S 的过程。这类跃迁则需要模块四中所提到的声子的参与，声子是晶体的一种晶格振动能，随温度而调节，在常温下是广泛存在的，所以其可以参与到电子吸收光子的过程中实现间接跃迁，即电子同时吸收一个光子和一个声子（或放出声子）来实现跃迁，这过程中依然需要满足能量守恒和动量守恒，则

$$\hbar\omega_0 \pm E_P = E_g \qquad (6-21)$$

$$(\hbar\boldsymbol{k}' - h\boldsymbol{k}) \pm \hbar\boldsymbol{q} = P \qquad (6-22)$$

式 (6-21) 中 E_P 是声子的能量，式 (6-22) 中 q 是格波的波矢量值，在模块四中提到过。则在间接跃迁中电子的动量差，加上或减去声子的动量等于光子的动量。其中光子的动量可以忽略不计，同时声子的能量由于太小也可忽略不计，则式 (6-21)、式 (6-22) 变为

$$\hbar\omega_0 = E_g \qquad (6-23)$$

$$k' - k = \mp q \tag{6-24}$$

则说明在间接跃迁中，电子除了吸收一个光子的能量外，还会吸收或发射一个声子。其中最小吸收的光子能量约等于禁带宽度，而电子的波矢量差等于声子的波矢量。这就说明了在光伏电池的电子吸收光子的过程中，既有电子与光子的相互作用，也包括了电子与晶格的相互作用。

那么如何来评价光伏电池中电子对光子的吸收情况呢，我们用光谱响应这个参数来实现。"光谱响应"在概念上指的是光伏电池产生的电流大小与入射能量的比例。光谱响应的测试是光伏电池性能的常规测试，其主要借助光谱仪、分光光度计的部分器件来完成。主要就是分光，针对不同光谱的光，测试其电流变化曲线。对于光谱响应的测试，有很多相关论文，由于篇幅问题，请学员阅读参考文献中相关学术论文来学习。

三、光伏发电主要物理参数

Ⅲ. Main Physical Parameters of Photovoltaic Power Generation

接下来将讨论几个用于描述光伏电池特性的重要参数。这些参数详见表 6-2。

表 6-2　电池片主要参数的英文缩写、英文全称及中文含义

英 文 缩 写	英　　文	中 文 含 义
U_{oc}	Open Circuit Voltage [V]	开路电压
I_{sc}	Short Circuit Current [A]	短路电流
U_{mpp}	Voltage at Pmpp [V]	工作电压
I_{mpp}	Current at Pmpp [A]	工作电流
P_{mpp}	Maximum Power [W]	最大功率
FF	Fill Factor [%]	填充因子
η	Cell Efficiency [0~1]	转换效率
T_{emp}	Temperature [℃]	温度

短路电流(I_{sc})，开路电压(U_{oc})，最大功率(P_{mpp})，填充因子(FF)和转换效率 η 都可以从伏安曲线测算出来。图 6-16 给出了伏安特性曲线。图中的直线为伏安特性曲线，虚线为功率输出曲线，黑线中当 U 为 0 V 时的点为开路电压，I 为 0 时的点为短路电流。

首先要说的是，由于光伏电池受到光照时产生的电能与光源辐照度、电池温度和照射光的光谱分布因素有关，所以在测试光伏电池的功率时，必须规定标准测试条件。目前国际上统一规定地面光伏电池的标准测试条件(STC)是：光源辐照度为 1000 W/m²；测试温度 25℃；AM1.5 的太阳光谱辐照度分布。

开路电压是在无外接负载的情况下直接测量光伏电池的电压值，是直线右下方的点。在标准的太阳光模拟器(AM1.5)的照射下，其电压值称为开路电压 U_{oc}。

短路电流也是在无外接负载的情况下直接测量光伏电池的电流值，是直线左上方的点。在标准的太阳光模拟器(AM1.5)的照射下，其电流值称为短路电流 I_{sc}。这两个参数基本成为光伏组件必须要测量的两个参数。

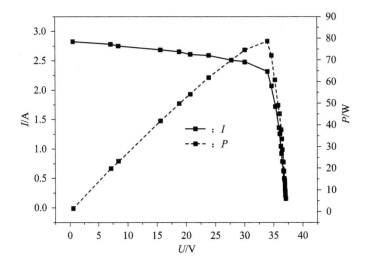

图 6-16　光伏电池的伏安特性曲线图

短路电流和开路电压分别是光伏电池能输出的最大电流和最大电压。然而，当电池输出状态在这两点时，电池的输出功率都为零。

最大功率点（P_{mpp}）则是光伏电池所能得到的最大功率，其为伏安特性曲线上电流与电压乘积的最大值。虚线的最高点一处即为最大值，此点的电流和电压分别对应工作电流（I_{mpp}）和工作电压 U_{mpp}。

填充因子通常使用它的简写 FF，是由开路电压 U_{oc} 和短路电流 I_{sc} 共同决定的参数，它决定了光伏电池的输出效率，填充因子被定义为电池的最大输出功率与开路电压 U_{oc} 和短路电流 I_{sc} 的乘积的比值，即

$$FF = \frac{I_{mp}U_{mp}}{U_{oc}I_{sc}} = \frac{P_m}{U_{oc}I_{sc}} \tag{6-25}$$

发电效率是人们在比较两块电池好坏时最常使用参数。效率定义为电池输出的电能与射入电池的光能的比例。其表示在外电路连接最佳负载电阻 R 时，得到的最大能量转换效率，即电池的最大功率输出与入射功率之比，即

$$\eta = \frac{P_{max}}{P_{in}} = \frac{I_{mp}U_{mp}}{P_{in}} \tag{6-26}$$

其中，P_{in} 表示输入光功率，可以根据光源辐照度和照射面积来求出。由式（6-25）、式（6-26）还可推出

$$\eta = \frac{FF U_{oc} I_{sc}}{P_{in}} \tag{6-27}$$

课后思考题
Exercises After Class

1. 请解释光伏组件的光谱响应。

_____

_____

2. 请解释伏安特性曲线。

3. 请简述光伏电池发电原理。

专业体验
Professional Experiences

专业体验

光伏组件的伏安特性曲线
U - I Characteristic Curve of Photovoltaic Module

伏安特性曲线是光伏组件的常规测试曲线，学员与技术人员应该在老师的带领下，尝试运用常见的测试工具测试光伏组件的伏安特性曲线。光伏组件的伏安特性曲线的测试原理图详见图 6-17。

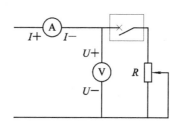

图 6-17 光伏组件的伏安特性曲线的测试原理图

将图 6-17 左侧接口两端接入光伏组件两端，即可完成伏安特性曲线测试电路，其中变阻器应根据光伏电池的功率来选取。在标准测试条件下用标准光源照射光伏组件，就可以开始测量伏安特性曲线了，应将变阻器的阻值由 0Ω 开始测量电流电压值，此时的电流值为短路电流，电压值为零，然后不断增加变阻器的阻值，并依次记录电流、电压值，直到变阻器阻值最大，然后断开变阻器上方的空气开关，测量此时的电流值为零，电压值为零、开路电压。将全部数据绘制成图即为该光伏电池的伏安特性曲线图。

模块知识点复习
Review of Module Knowledge Points

本章需掌握的知识点有硅的能带及禁带宽度；本征半导体及其载流子情况，N型半导体及其载流子情况，P型半导体及其载流子情况；扩散和漂移；PN结结构的正向偏压和反向偏压；光伏发电原理；吸收、反射和透射；直接跃迁和间接跃迁；光谱响应；伏安曲线、短路电流、开路电压、填充因子、转换效率。

模块测试题
Module Test

一、选择题

1. 有一束电磁波被晶硅光伏组件吸收，那这束光可能是（　　　）。

A. 红外线　　　　　B. γ射线　　　　　C. β射线　　　　　D. 紫外线

2. 当一束光照射到光伏组件上，电子从价带间接跃迁到导带，其能量与动量变化可能为（　　　）。

A. 能量与动量均不改变　　　　　　B. 能量与动量均改变

C. 能量不变，动量改变　　　　　　D. 不确定

3. 在热平衡态下，对于本征半导体，其电子浓度（　　　）空穴浓度

A. 等于　　　　　B. 大于　　　　　C. 小于　　　　　D. 不确定

4. P型半导体导电的多数载流子是（　　　）。

A. 空穴　　　　　B. 电子　　　　　C. 离子　　　　　D. 声子

5. （　　　）是指光伏电池在外接电流为零时的电压。

A. 开路电压　　　　　　　　　　　B. 工作电压

C. 最大电压　　　　　　　　　　　D. 额定电压

6. 光入射到晶硅光伏组件，不会发生（　　　）现象。

A. 透射　　　　　B. 反射　　　　　C. 吸收　　　　　D. 以上都不会发生

二、填空题

1. 在N型半导体中，电子浓度_____空穴浓度。

2. 如果我们某单色光不能让光伏电池产生电能，那只需增加单色光的_____即可产生电能。

3. 本征半导体是指_____。

4. 短路电流是指_____。

5. 扩散是_____，漂移为_____。

6. 直接跃迁指_____。

7. 间接跃迁指_____。

8. 填充因子是指_____和_____的比值。

9. 正向偏压是指_____。

10. 反向偏压是_____。

三、简答题

1. 请简述光伏发电原理。

2. 已知在室温下硅和锗的禁带宽度分别为 1.12 eV 和 0.67 eV，请计算在这两种材料内发生光伏效应电子直接跃迁所吸收光子的最大波长。已知 $h = 6.63 \times 10^{-34}$ J·s，电子电量为 1.6×10^{-19} C。

3. 请画图来说明一个 PN 结。

附　录
Appendix

重点专业词汇中英文对照

Chinese English Comparison of Key Professional Vocabulary

光伏　Photovoltaic

新能源　New Energy

太阳能　Solar Energy

能源　Energy

煤炭　Coal

石油　Oil

天然气　Natural Gas

水能　Hydroenergy

风能　Wind Energy

核能　Nuclear Energy

地热能　Geothermal Energy

海洋能　Ocean Energy

生物质能　Biomass Energy

太阳　Sun，Solar

地球　Earth

非再生能源　Non-renewable Energy

可再生能源　Renewable Energy

新能源和可再生能源　New Energy & Renewable Energy

核裂变　Nuclear Fission

核聚变　Nuclear Fusion

光热转换　Solar Thermal Conversion

光电转换　Photoelectricity Conversion

光化学转换　Photochemical Conversion

太阳能热利用　Solar Thermal Utilization

风力发电机　Wind Turbine

风车磨坊　Windmill

双工质循环发电　Dual Fluid Power Generation

三峡大坝　Three Georges Dam

化石燃料　Fossil Fuels

巴黎协定　Treaty of Paris

节能减排　Energy-saving and Emission-reduction

温度　Temperature

CO_2　Carbon Dioxide

分散性　Dispersibility

不稳定性　Instability

效率　Efficiency

成本　Cost

光热发电　Solar Thermal Electric Power Generation

光伏发电　Photovoltaic Power Generation

太阳能热水器　Solar Water Heater

平板型集热器　Flat Plate Collector

真空管集热器　Evacuated Tube Collector

太阳灶　Solar Cooker

太阳能干燥器　Solar Dryer

太阳能蒸馏器　Solar Still

太阳能采暖　Solar Heating

太阳房　Solar House

太阳能温室　Solar Greenhouse

太阳能空调制冷系统　Solar Air-conditioning Refrigeration System

高温太阳炉　High Temperature Solar Furnace

塔式光热电站　Tower-type Solar Thermal Power Station

槽式集热器　Trough Collector

聚光集热装置　Concentrating Collector Device

发电机　Generator

汽轮机　Steam Turbine

集成半导体　Integrated Semiconductor

光生伏特效应　Photovoltaic Effect

半导体材料　Semiconductor Materials

蓄电池　Storage Battery

逆变器　Inverter

电力电子技术　Power Electronics

晶体管　Transistor

集成电路　Integrated Circuit

石油危机　Oil Crisis

硅太阳能电池　Silicon Solar Cell

能级跃迁　Energy Level Transition

电子　Electron

光子　Photon

硫化镉　Cadmium Sulfide

光伏电池　Photovoltaic Cells

单晶硅光伏电池　Monocrystalline Silicon Photovoltaic Cells

砷化镓　Gallium Arsenide

间歇性　Intermittent

阴雨天　Rainy Days

上游、中游、下游(产业)　Upstream，Midstream，Downstream（Industry）

产业链　Industrial Chain

硅料(晶体硅原料)　Silicon Material（crystalline silicon material）

硅棒　Silicon Rod

硅锭　Silicon Ingot

硅片　Silicon Wafer

光伏电池　Photovoltaic Cells

光伏组件　Photovoltaic Module

光伏发电系统　Photovoltaic Power Generation System

EPC 总包(工程总承包)　Engineering Procurement Construction

光伏电站　Photovoltaic Power Station

太阳电池　Solar Cell

电池　Battery

正极　Positive Electrode

负极　Negative Electrode

正电荷　Positive Charge

负电荷　Negative Charge

价态　Valence State

N 型半导体　N-type Semiconductor

P 型半导体　P-type Semiconductor

掺杂　Doping

导电性　Conductivity

浓度差　Concentration Difference

PN 结　PN Junction

内建电场　Built-in Electric Field

照射　Irradiation

晶硅光伏组件　Crystalline Silicon Photovoltaic Module

晶体硅电池片　Crystalline Silicon Cell

间接带隙　Indirect Band Gap

直接带隙　Direct Band Gap

光谱响应　Spectral Response

化合物　Chemical Compound

非金属固体　Nonmetallic Solid

熔点　Melting Point

莫氏硬度　Mohs hardness

酸　Acid

碱　Alkali

电子设备　Electric Equipment

大规模集成电路　Large-scale Integrated Circuit

微电子　Microelectronics

半导体芯片　Semiconductor Chip

多晶硅光伏电池　Polycrystalline Silicon Photovoltaic Cells

光电转换效率　Photoelectric Conversion Efficiency

光伏追日系统　Photovoltaic Tracking System

制造工艺　Manufacturing Process

单晶法　Crystal Method

区熔法　Method of Zone Melting

磁拉法　Method of Magnetic Pull

直拉单晶炉　Czochralski Crystal Grower

熔融态　Melting State

硅原子　Silicon Atom

单晶硅棒　Monocrystalline Silicon Rod

籽晶　Seed Crystal

绒面腐蚀　Texture Surface Etching

四面方锥形　Tetrahedral Cone

分布式发电　Distributed Power Generation

滚圆、切片　Rolling，Slicing

薄膜光伏电池　Thin Film Photovoltaic Cells

非晶硅光伏电池　Amorphous Silicon Photovoltaic Cell

单结、多结　Single Junction，Multi Junctions

微晶硅　Microcrystalline Silicon

纳米晶硅　Nanocrystalline Silicon

硅系薄膜光伏电池　Thin Film Photovoltaic Cell of Silicon

化合物薄膜光伏电池　Thin Film Photovoltaic Cell of Chemical Compound

铜铟镓硒光伏电池　Photovoltaic Cell of Copper Indium Gallium Selenium

碲化镉光伏电池　Cadmium Telluride Photovoltaic Cell

硫化镉光伏电池　Cadmium Sulfide Photovoltaic Cell

封装　Package

直流电　Direct Current

微米　Micron

控制器　Controller

电网　Power Grid

离网光伏系统　Off-grid Photovoltaic System

并网光伏系统　Grid-connected Photovoltaic System

集中式大型并网光伏电站　Photovoltaic Power Station of Centralized Large Grid-connected

分布式光伏系统　Distributed Photovoltaic System

光伏支架　Solar Bracket

直流汇流箱　DC Combining Manifolds

直流配电柜　DC Distribution Cabinet

并网逆变器　Grid-connected Inverter

交流配电柜　AC Distribution Cabinet

物理学　Physics

材料学　Materials Science

光学　Optics

基础知识　Basic Knowledge

基本概念　Basic Concept

光谱学　Spectroscopy

光吸收理论　Theory of Light Absorption

光子学　Photonics

几何光学　Geometrical Optics

波动光学　Wave Optics

量子辐射理论　Quantum Theory of Radiation

光辐射理论　Theory of Light Radiation

光子假说　Photon Hypothesis

晶体学　Crystallography

固体　Solid

能带　Energy Band

"双反"（反倾销、反补贴）　The Two Sides（Anti-dumping，Countervailing）

传播介质　Communication Media

光的直线传播定律　Law of Rectilinear Propagation of Light

反射、折射　Reflection，Refraction

镜面反射　Mirror Reflection

漫反射　Diffused Reflection

入射光线　Incident Light

法线　Normal

入射面　Plane of Incidence

反射光线　Reflection Light

反射角　Reflection Angle

入射角　Incident Angle

传播速率　Rate of Spread

真空　Vacuum

折射率　Refractive Index

光路可逆性原理　Principle of Optical Path Reversibility

临界角　Critical Angle

全反射　Total Reflection

光纤通信　Fiber-optical Communication

球面镜　Spherical Mirror

凸面镜　Convex Mirror

凹面镜　Concave Mirror

焦点、实焦点、虚焦点　Focus，Real Focus，Virtual Focus

焦距　Focal Length

会聚点　Convergence Point

主轴对称　Axis Symmetry

抛物面反射　Parabolic Reflection

光学器件　Optical Devices

透镜　Lens

透明介质　Transparent Medium

凸透镜　Convex Lens

凹透镜　Concave Lens

菲涅尔透镜　Fresnel Lens

光的微粒说　Corpuscular Theory of Light

光的波动说　Wave Theory of Light

电磁波　Electromagnetic Wave

杨氏双缝干涉实验　Young's Double-slit Interference Experiment

光的干涉现象　Interference Phenomenon of Light

相干光　Coherent Light

波面　Wave Surface

狭缝　Slit

相位　Phase

波长　Wavelength

亮纹、暗纹　Bright Stripe，Dark Stripe

干涉条纹　Interference Fringe

传播方向　Direction of Propagation

薄膜干涉　Interference of Thin Film

光程差　Difference of Optical Path

等倾干涉　Interference of Equal Dip

减反射膜　Antireflection Film

夫琅禾费衍射　Fraunhofer Diffraction

弯曲度　Bending Degree

球形像差　Spherical Aberration

光线衰减　Light Attenuation

菲涅耳带　Fresnel Zone

普朗克常量　Planck Constant

频率　Frequency

电磁波谱　Electromagnetic Spectrum

电磁振荡　Electromagnetic Oscillation

X 射线　X Ray

γ 射线　γ Ray

紫外线　Ultraviolet Rays

可见光　Visible Light

红外线　Infrared Ray

毫米波　Millimetric Wave

厘米波　Centimetre Wave

分米波　Decimeter Wave

无线电波　Radio Wave

电子伏特　Electron-volt

偏振光　Polarized Light

电场、磁场　Electric Field，Magnetic Field

光矢量　Light Vector

横波、纵波　Shear Wave，Primary Wave

自然光　Natural Light

振幅　Amplitude

部分偏振光　Partial Polarized Light

线偏振光　Linearly Polarized Light

偏振片　Polarizing Filter

二向色性　Dichroism

起偏器　Polarizer

检偏器　Analyser

铁酸铋　Bismuth Ferrite

光的吸收、散射和色散　Absorption，Scattering and Dispersion of Light

光电探测器　Photodetector

激光　Laser

发射光　Emitted Light

吸收系数　Absorption Coefficient

光谱仪　Spectrometer

分光光度计　Spectrophotometer

带阻滤波器　Band-stop Filter

带通滤波器　Band-pass Filter

消光系数　Extinction Coefficient

瑞利散射　Rayleigh Scattering

光电效应　Photoelectric Effect

光电流　Photocurrent

截止频率　Cut-off Frequency

光电管　Phototube

遏止电压　Stopping Potential

逸出功　Work Function

质量、能量、动量　Mass，Energy，Momentum

自发辐射　Spontaneous Radiation

受激辐射　Stimulated Radiation

受激吸收　Stimulated Absorption

大气质量　AM(Air Mass)

功率密度　Power Density

太阳辐射　Solar Radiation

经纬度　Longitude and Latitude

三棱镜　Triangular Prism

量子力学　Quantum Mechanics

定态波函数　Stationary Wave Function

薛定谔方程　Schrödinger Equation

简谐波　Simple Harmonic Wave

概率分布　Probability Distribution

归一化　Normalization

概率密度　Probability Density

态叠加原理　Quantum State Superposition Principle

氢原子光谱　The Atomic Spectrum of Hydrogen

角动量　Angular Momentum

主量子数　Main Quantum Number

能级　Energy Level

动量矩　Moment of Momentum

轨道量子数　Orbital Quantum Number

磁量子数　Magnetic Quantum Number

自旋量子数　Spin Quantum Number

泡利不相容原理　Principle of Pauli Exclusion

能量最小原理　Principle of Minimum Energy

晶体、准晶体、非晶体　Crystals，Quasicrystals，Non-crystals

周期性　Periodicity

各向异性　Anisotropy

熔点　Melting Point

各向同性　Isotropy

长程有序　Long-range Order

晶面角守恒定律　Law of Conservation of Crystal Plane angle

解理性　Cleavage

微观结构　Microstructure

空间点阵　Space Lattice

基元　Element

布拉菲格子　Bravias Lattice

金刚石晶体　Diamond Crystal

简单晶格　Simple Lattice

复式晶格　Compound Lattices

套构　Sleeve

初基原胞　Elementary Primiproic Cell

基矢、轴矢、格矢　Elementary Vector，Axial Vector，Lattice Vector

惯用原胞　Conventional Cell

简单立方、体心立方和面心立方　Simple Cubic，Body-centered Cubic，Face-centered Cubic

原子半径　Atomic Radius

配位数　Coordination Number

致密度　Density

氯化钠结构金刚石结构、闪锌矿结构　NaCl Structure，Diamond Structure，Zinc Blende Structure

氯化铯结构、钙钛矿结构　Cesium Chloride Structure，Perovskite Structure

正四面体　Regular Tetrahedron

晶列、晶向和晶面　Crystal Array，Crystal Orientation，Crystal Plane

晶列族、晶面族　Family of Crystal Arrays，Family of Crystal Planes

互质整数　Relatively Prime Integer

晶向指数　Orientation Index

等效晶向　Equivalent Crystal Orientation

晶面指数（米勒指数）　Index of Crystal Plane（Miller Index）

傅里叶变换　Fourier Transformation

面间距　Interplanar Spacing

倒格矢、倒格子　Reciprocal Lattice Vector，Reciprocal Lattice

内能函数　Internal Energy

吸引势能　Attractive Potential Energy

排斥势能　Repulsive Potential Energy

平衡体积　Balance Volume

晶格常数　Lattice Constant

绝对零度　Absolute Zero

电负性、电离能、亲和能　Electronegativity，Ionization Energy，Affinity Energy

离子晶体、原子晶体、共价键　Ionic Crystal，Atomic Crystal，Covalent Bond

库仑吸引　Coulomb Attraction

杂化轨道　Hybridized Orbital

电子轨道的重叠　Overlap of Electron Orbital

共有化　Communization

金属晶体　Metallic Crystal

范德瓦尔斯力、氢键　Vanderwaols Force，Hydrogen Bond

电偶极矩　Electric Dipole Moment

惰性气体　Noble Gases

晶格振动　Lattice Vibration

格波、声子　Lattice Wave，Phonon

一维单原子链　One-dimensional Monatomic Chain

简谐近似　Harmonic Approximation

周期性边界条件　Periodic Boundary Condition

简正模式　Normal Mode

弹性系数　Coefficient of Elasticity

一维双原子链　One-dimensional Diatomic Chain

声学支、光学支　Acoustic Branch，Optical Branch

第一布里渊区　First Brillouin Zone

原子振动方向　Direction of Atomic Vibration

玻色子　Boson

准粒子　Quasi-particle

点缺陷、线缺陷、面缺陷　Point Defect，Line Defect，Plane Defect

费伦克尔(Frenkel)缺陷、肖脱基(Schottky)缺陷　Frenkel Defect，Schottky Defect

晶格空位、填隙原子、杂质原子　Lattice Vacancy，Interstitial Atom，Impurity Atom

填隙式杂质、替位式杂质　Interstitial Impurity，Substitutional Impurity

晶粒间界　Crystal Boundary

微扰理论　Perturbation Theory

晶体周期微扰势　Crystal Periodic Perturbation Potential

准连续　Quasi-continuum

简并　Degeneration

调幅平面波　Amplitude Modulation Wave

周期性势场　Periodicity Potential Field

自由电子气　Free Electron Gas

麦克斯韦-玻耳兹曼统计分布　Maxwell-Boltzmann Statistical Distribution

平均自由程　Mean Free Path

弛豫时间　Relaxation Time

电流密度　Current Density

费米-狄拉克统计分布　Fermi-Dirac Statistical Distribution

费米分布函数　Fermi Distribution Function

费米能、费米波矢、费米半径　Fermi Energy, Fermi Wave Vector, Fermi Radius

定态微扰理论　Theory of Stationary Perturbation

简并微扰理论　Theory of Degenerate Perturbation

允带、禁带宽度　Allowed band, Band gap

原子轨道的线性组合　Linear Combination of Atomic Orbitals

孤立原子能级　Level of Isolated Atomic Energy

价带、导带　Valence Band, Conduction Band

空带、满带与半满带　Vacancy Band, Occupied Band, Half-full Band

载流子、电子、空穴　Charge Carrier, Electron, Hole

导体、半导体、绝缘体　Conductor, Semiconductor, Insulator

本征半导体、N 型半导体及 P 型半导体　Intrinsic Semiconductor, N-type Semiconductor, P-type Semiconductor

多数载流子、少数载流子　Majority Charge Carrier, Minority Charge Carrier

杂质能级、施主能级、施主电离、受主能级、受主电离　Impurity Energy Level, Donor level, Donor ionization, Acceptor level, Acceptor ionization

导带底、价带顶　Bottom of Conduction Band, Top of Value Band

有效状态密度、电子浓度、空穴浓度、费米能级　Effective State Density, Electron Density, Hole Density, Fermi Level

扩散运动、漂移运动　Diffusion, Drift

光电二极管　Photodiode

空间电荷区　Space Charge Region

扩散区、耗尽区、势垒　Diffusion Zone, Depletion Region, Barrier

掺杂浓度　Doping Concentration

反向电压、击穿电压　Reverse Voltage, Breakdown Voltage

正向偏置、反向偏置　Forward Bias, Reverse Bias

吸收、反射、透射　Absorption, Reflection, Transmission

光强　Light Intensity

直接跃迁、间接跃迁　Direct Transition, Indirect Transition

开路电压　Open Circuit Voltage

短路电流　Short Circuit Current

工作电压　Working Voltage

工作电流　Working Current

最大功率　Maximum Power

填充因子　Fill Factor

转换效率　Conversion Efficiency

标准测试条件(STC)　Standard Test Conditions

光源辐照度　Light Irradiance

变阻器　Varistor

伏安特性曲线　V-I Characteristic Curve

电流表、电压表　Ammeter, Voltmeter

参 考 文 献
References

[1]　张以谟. 应用光学[M]. 北京：电子工业出版社，2007.

[2]　姚启钧. 光学教程[M]. 北京：高等教育出版社，2002.

[3]　张链，等. 新能源新材料专业应语基础教程[M]. 合肥：中国科学技术大学出版社，2012.

[4]　罗刚，等. 晶体光学及光性矿物学[M]. 北京：地质出版社，2009.

[5]　杜秉初，等. 电子光学[M]. 北京：清华大学出版社，2002.

[6]　徐克尊. 高等原子分子物理学[M]. 北京：科学出版社，2006.

[7]　李名復. 半导体物理学[M]. 北京：科学出版社，1991.

[8]　刘恩科，等. 半导体物理学[M] 北京：电子工业出版社，2008.

[9]　黄昆. 固体物理学[M]. 北京：高等教育出版社，2005.

[10]　王矜奉. 固体物理教程[M]. 济南：山东大学出版社，2008.

[11]　张三慧. 大学物理学[M]. 北京：清华大学出版社，1990.

[12]　张允武. 分子光谱学[M]. 合肥：中国科学技术大学出版社，1988.

[13]　王海婴. 大学基础物理学[M]. 北京：高等教育出版社，2000.

[14]　GREEN M A, Third Generation Photovoltaics[M]. Springer, 2003.

[15]　GREEN M A, et al. APPLIED PHOTOVOLTAICS[M]. Earthscan, 2007.

[16]　中国标准出版社. 电池标准汇编. 太阳电池卷[M]. 北京：中国标准出版社，2003.

[17]　刘恩科，等. 光电池及其应用[M]. 北京：科学出版社，1989.

[18]　胡晨明，等. 太阳电池[M]. 北京：北京大学出版社，1990.

[19]　GREEN M A. 太阳电池：工作原理、工艺和系统的应用[M]. 北京：电子工业出版社，1987.

[20]　方俊鑫，等. 固体物理学[M]. 上海：上海科学技术出版社，1980.

[21]　徐毓龙. 材料物理导论[M]. 成都：电子科技大学出版社，1995.

[22]　尹建华，等. 半导体硅材料基础[M]. 北京：化学工业出版社，2009.

[23]　黄建华，等. 太阳能光伏理化基础[M]. 北京：化学工业出版社，2017.

[24]　沈辉. 太阳能光伏发电技术[M]. 北京：化学工业出版社，2005.

[25]　陈成钧，等. 太阳能物理[M]. 北京：机械工业出版社，2012.

[26]　GREEN M A, et al. 应用光伏学[M]. 上海：上海交通大学出版社，2007.

[27]　杨洪兴，等. 太阳能建筑一体化技术与应用[M]. 北京：中国建筑工业出版社，2009.

[28]　小长井. 薄膜太阳电池的基础与应用-太阳能光伏发电的新发展[M]. 北京：机械工业出版社，2011.

[29]　熊绍珍，等. 太阳能电池基础与应用[M]. 北京：科学出版社，2009.

[30]　白一鸣. 太阳电池物理基础[M]. 北京：机械工业出版社，2014.

[31]　KITAI A. 太阳电池、LED 和二极管的原理：PN 结的作用[M]. 北京：机械工业出版社，2013.

[32]　WURFEL P. 太阳电池[M]. 北京：化学工业出版社，2013.

[33]　NELSON J. 太阳能电池物理[M]. 上海：上海交通大学出版社，2011.

[34]　黄昆. 半导体物理基础[M]. 北京：科学出版社，2010.

[35]　曹全喜，等. 固体物理基础[M]. 西安：西安电子科技大学出版社，2008.

[36]　FONASH S. 太阳电池器件物理[M]. 北京：科学出版社，2011.

[37]　MARKVART T, et al. 太阳电池：材料制备工艺及检测[M]. 北京：机械工业出版社，2009.

[38]　杨金焕. 太阳能光伏发电应用技术[M]. 北京：电子工业出版社，2013.

[39] STAPLETIN G, et al. 太阳能光伏并网发电系统[M]. 北京：机械工业出版社, 2014.

[40] 沈文忠. 太阳能光伏技术与应用[M]. 上海：上海交通大学出版社, 2013.

[41] 黄汉云. 太阳能光伏发电应用原理[M]. 北京：化学工业出版社, 2009.

[42] 郭连贵, 等. 太阳能光伏学[M]. 北京：化学工业出版社, 2012.

[43] 滨川圭弘. 太阳能光伏电池及其应用[M]. 北京：科学出版社, 2008.

[44] 马科斯·玻恩. 光学原理[M]. 北京：电子工业出版社, 2005.

[45] 赵凯华, 钟锡华. 光学[M]. 北京：北京大学出版社, 1984.

[46] 石顺祥, 等. 物理光学与应用光学[M]. 西安：西安电子科技大学出版社, 2010.

[47] CHIRAS D. 太阳能光伏发电系统[M]. 北京：机械工业出版社, 2011.

[48] 曾谨言. 量子力学教程[M]. 北京：科学出版社, 2003.

[49] 周世勋. 量子力学教程[M]. 北京：高等教育出版社, 2008.

[50] RITTNER E S. Photovoltaic Device：USA, 2873303[P], 1959 - 02 - 10.

[51] COXON D W. Solar Heat Air System：USA, 4203424[P], 1980 - 05 - 20.

[52] KHOO Y S. Optimal Orientation and Tilt Angle for Maximizing in - plane Solar Irradiation for PV Applications in Singapore[J]. IEEE Journal of Photovoltaics, 2014, 4(2)：647 - 653.

[53] 施钰川. 太阳能原理与技术[M]. 西安：西安交通大学出版社, 2009.

[54] 夏庆观. 风光互补发电系统实训教程[M]. 北京：化学工业出版社, 2012.

[55] 陈子坚. 基于不同控制器的太阳能追踪系统介绍与比较[J]. 北京：实验室科学. 2014, 17(5)：55 - 59.

[56] NEAMEN D A. 半导体物理与器件[M]. 北京：电子工业出版社, 2008.

[58] 何杰. 半导体科学与技术[M]. 北京：科学出版社, 2007.

[59] 杨德仁. 半导体材料测试与分析[M]. 北京：科学出版社, 2010.

[60] 陆卫, 傅英. 半导体光谱分析与拟合计算[M]. 北京：科学出版社, 2014.

[61] FEYNMAN R P. 费恩曼物理学讲义[M]. 上海：上海科学技术出版社, 2013.

[62] 施敏. 半导体器件物理与工艺[M]. 苏州：苏州大学出版社, 2003.

[63] 安毓英, 等. 光电子技术[M]. 北京：电子工业出版社, 2011.

[64] 陈果. 骄阳似火[M]. 成都：成都时代出版社, 2018.

[66] 张链, 田刚, 陈子坚, 等. 可移动式太阳能热利用系统的设计与开发[J]. 煤气与热力, 2016, 36 (11)：A30 - A33.

[67] 陈子坚, 曹宝文, 武晋. 太阳能电源热源一体化系统的设计与开发[J]. 电源技术, 2017, 41(08)：1152 - 1156.

[68] 陈子坚, 王鹏, 张锦麟. 基于外部环境的风光互补实训系统的设计与研究[J]. 天津中德应用技术大学学报, 2017(02)：68 - 73.

[69] 陈子坚, 张链. 可移动式太阳能发电系统的设计与分析[J]. 天津职业院校联合学报, 2016, 18 (11)：90 - 94, 100.

[70] 张链, 郑宁, 朱海娜, 陈子坚. 高职院校新能源应用技术专业建设的探讨[J]. 天津职业院校联合学报, 2013, 15(08)：9 - 12, 60.

[71] 曹宝文, 张链. 能源类专业系统化人才培养的研究启示[J]. 天津职业院校联合学报, 2017, 19 (06)：15 - 18.

[72] 姚吉, 张链. 新能源分布式发电综合实训中心的项目开发与系统设计：暨天津市高水平示范校二期建设项目[J]. 天津中德职业技术学院学报, 2014(01)：65 - 67.

[73] 姚吉, 郑宁, 张链. 高职院校应开设新能源应用技术专业[J]. 天津市经理学院学报, 2011 (04)：71, 73.

[74] 曹宝文, 陈更力. 基于专利信息的新能源微电网技术发展分析[J]. 科技管理研究, 2018, 38(15)：

215 - 221.

[75] 邱美艳. 能源类专业"中高本硕"不同教育层次的衔接与融合[J]. 中国轻工教育, 2017(06): 81 - 85.

[76] 邱美艳. 应用型光伏发电系统设计实训教学的探索[J]. 实验室研究与探索, 2017, 36(07): 239 - 241.

[77] 邱美艳, 赵晓宾, 于冬安, 张庆宝. 本征层厚度对非晶硅叠层电池电流匹配的影响[J]. 电子元件与材料, 2015, 34(02): 31 - 34.

[78] 朱海娜. 光伏发电技术与应用专业国际化办学的研究[J]. 天津中德应用技术大学学报, 2018(01): 98 - 102.

[79] 朱海娜. 高职院校的新能源专业建设[J]. 天津市经理学院学报, 2013(04): 47 - 48.

[80] 朱海娜, 徐征, 郑宁, 张链, 陈子坚. 反向偏压调制下 I 型阱结构体系光致发光特性的研究[J]. 现代显示, 2013(04): 54 - 58.

[81] 朱海娜, 徐征, 郑宁. 利用多周期量子阱结构提高有机发光二极管的效率[J]. 液晶与显示, 2013, 28(02): 188 - 193.

[82] 王殿元, 王庆凯, 彭丹, 等. 硅太阳能电池光谱响应曲线测定研究性实验[J]. 物理实验, 2007(09): 8 - 10.

[83] 肖文波, 颜超, 张华明, 王庆. 拓展太阳能光伏电池特性综合实验的教学探索[J]. 大学物理, 2016, 35(10): 39 - 41, 65.

[84] 廖志凌, 阮新波. 任意光强和温度下的硅太阳电池非线性工程简化数学模型[J]. 太阳能学报, 2009, 30(04): 430 - 435.

[85] 时强, 卞洁玉, 刘正新. 偏光光谱特性对太阳电池光谱响应的影响[J]. 激光与光电子学进展, 2017, 54(10): 79 - 85.

[86] 任航, 叶林. 太阳能电池的仿真模型设计和输出特性研究[J]. 电力自动化设备, 2009, 29(10): 112 - 115.

[87] 张链, 陈子坚. 多种能源融合的建筑节能系统的设计与应用[M]. 合肥: 中国科学技术大学出版社, 2017.

[88] ZHANG L, CHEN Z. Design and Research of the Movable Hybrid Photovoltaic-Thermal (PVT) System[J]. Energies, 2017(10): 507.